电子商务网站 MySQL 数据库开发

主　编　王明菊　刘文武

北京理工大学出版社
BEIJING INSTITUTE OF TECHNOLOGY PRESS

内容简介

MySQL数据库是以“客户端/服务器”模式实现的，是一个多用户、多线程的小型数据库。MySQL以其稳定、可靠、快速、管理方便以及支持众多系统平台的特点，成为世界范围内最流行的开源数据库之一。本教材是面向数据库初学者的一本入门教材，站在初学者的角度，以形象的比喻、丰富的图解、实用的案例、通俗易通的语言讲解了数据库的开发和管理技术。

数据库技术为网站开发提供了强大的支撑作用，为了让初学者了解数据库技术在网站开发过程中的实际使用过程，本教材以建设一个电子商务网站为实际任务，将整个任务分为8章，在完成每个模块任务的同时讲解数据库知识点。其中，第1~5章介绍数据库基础知识，第6~8章围绕数据库开发的一些高级知识展开讲解，每小节都设计了实操题，让初学者轻松入门。

图书在版编目（CIP）数据

电子商务网站MySQL数据库开发 / 王明菊，刘文武主编. -- 北京：北京理工大学出版社，2024. 11

ISBN 978-7-5763-2966-7

Ⅰ. ①电… Ⅱ. ①王… ②刘… Ⅲ. ①SQL语言-数据库管理系统-高等职业教育-教材 Ⅳ. ①TP311. 132. 3

中国国家版本馆CIP数据核字（2023）第193003号

责任编辑：王玲玲　　**文案编辑**：王玲玲
责任校对：刘亚男　　**责任印制**：施胜娟

出版发行 / 北京理工大学出版社有限责任公司
社　　址 / 北京市丰台区四合庄路6号
邮　　编 / 100070
电　　话 / (010) 68914026（教材售后服务热线）
　　　　　(010) 63726648（课件资源服务热线）
网　　址 / http://www.bitpress.com.cn

版 印 次 / 2024年11月第1版第1次印刷
印　　刷 / 涿州市新华印刷有限公司
开　　本 / 787 mm×1092 mm　1/16
印　　张 / 9
字　　数 / 205千字
定　　价 / 55.00元

前言

MySQL 数据库是世界上最流行的数据库之一，是一个多用户、多线程的小型数据库，能够快捷、有效和安全地处理大量的数据。相对于 Oracle 等数据库来说，MySQL 数据库的主要特点是便捷和易用。

本教材针对 MySQL 技术进行了深入分析，并针对每个知识点精心设计了相关的案例，然后模拟这些知识点在实际工作中的应用，真正做到了知识的由浅入深、由易到难。

本教材分为 8 章，第 1 章主要介绍数据库的相关知识，包括流行的数据库系统、数据库存储结构、MySQL 的安装配置和使用等。第 2~5 章讲解数据库的常见操作，包括数据库、数据表及数据的增删改查操作。第 6~8 章讲解数据库中的事务、存储过程及视图，这些内容可以对数据库进行性能优化，希望初学者可以循序渐进掌握数据库的各项技术。前五章由王明菊老师编写，后三章由刘文武老师编写，因水平有限，不足之处敬请读者指正。

编　者

目录

第 1 章

电子商务网站的数据库设计

知识目标

1. 掌握数据的基本概念。
2. 能够安装 MySQL 软件并配置运行环境。
3. 明确学习的对象是 SQL 语言。

素养目标

了解数据库技术的重要性和基本特点,以及各种数据库管理系统的应用方向。

第 1 节 数据库基本知识

数据库基础知识

1.1.1 数据库概述

数据库(Database,DB)是按照数据结构来组织、存储和管理数据的仓库,其本身可被看作电子化的文件柜,用户可以对文件中的数据进行增加、删除、修改、查找等操作。需要注意的是,这里所说的数据(Data)不仅包括普通意义上的数字,还包括文字、图像、声音等。也就是说,凡是在计算机中用来描述事物的信息都可称为数据。

数据库技术是计算机领域重要的技术之一。在互联网、银行、通信、政府部门、企事业单位、科研机构等领域,都存在着大量的数据。数据库技术研究如何对数据进行有效管理,包括组织和存储数据,在数据库系统中减少数据存储冗余、实现数据共享、保障数据安全,以及高效地检索和处理数据。

大多数初学者认为数据库就是数据库系统(Database System,DBS)。其实,数据库系统的范围比数据库大很多。数据库系统是指在计算机系统中引入数据库后的系统,除了数据库,还包括数据库管理系统(Database Management System,DBMS)、数据库应用程序、操作系统等。为了让读者更好地理解数据库系统,下面通过一张图来描述,如图 1-1-1 所示。

(1)数据库:数据库提供了一个存储空间用来存储各种数据,可以将数据库视为一个存储数据的容器。

(2)数据库管理系统:专门用于创建和管理数据库的一套软件,介于应用程序和操作系统之间,如 MySQL、Oracle、SQL Server、DB2 等。数据库管理系统不仅具有最基本的数据管理功能,还能保证数据的完整性、安全性和可靠性。

(3)数据库应用程序:虽然已经有了数据库管理系统,但是在很多情况下,数据库管理系统无法满足用户对数据库的管理,此时就需要使用数据库应用程序与数据库管理系统进行通信、访问和管理 DBMS 中存储的数据。

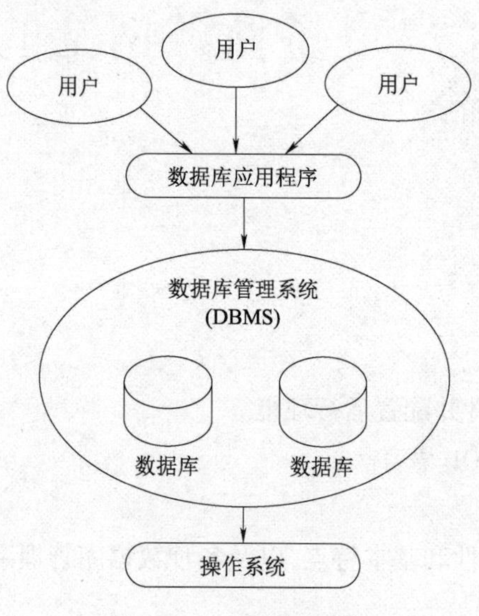

图 1-1-1　数据库系统

1.1.2　数据库技术的发展

任何一种技术都不是凭空产生的,而是经历了长期的发展过程。通过了解数据库技术的发展历史,可以理解现在的数据库技术是基于什么样的需求而诞生的。

数据库技术的发展主要分为 3 个阶段,分别是人工管理阶段、文件系统阶段和数据库系统阶段。关于这 3 个阶段的具体介绍如下。

1. 人工管理阶段

在 20 世纪 50 年代中期以前,计算机主要用于科学计算,硬件方面没有磁盘等直接存取设备,只有磁带、卡片和纸带;软件方面没有操作系统和管理数据的软件。数据的输入、存取等,需要人工操作。在人工管理阶段,处理数据非常麻烦和低效,该阶段具有如下特点。

(1)数据不在计算机中长期保存。

(2)没有专门的数据管理软件,数据需要应用程序自己管理。

(3)数据是面向应用程序的,不同应用程序之间无法共享数据。

(4)数据不具有独立性,完全依赖应用程序。

2. 文件系统阶段

从 20 世纪 50 年代后期到 60 年代中期,硬件方面有了磁盘等直接存取设备,软件方面有了操作系统,数据管理进入了文件系统阶段。在这个阶段,数据以文件为单位保存在外存储器上,由操作系统管理,程序和数据分离,实现了以文件为单位的数据共享。

文件系统阶段具有如下特点。

(1)数据在计算机的外存设备上长期保存,可以对数据反复进行操作。

(2)通过文件系统管理数据,文件系统提供了文件管理功能和存取方法。

(3)虽然在一定程度上实现了数据独立性和共享性,但是都非常薄弱。

3. 数据库系统阶段

从 20 世纪 60 年代后期开始,计算机应用越来越广泛,管理的数据量越来越多,同时对多种应用程序之间数据共享的需求越来越强烈,文件系统的管理方式已经无法满足需求。为了提高数据管理的效率,解决多用户、多应用程序共享数据的需求,数据库技术应运而生,由此进入了数据库系统阶段。

数据库系统阶段具有如下特点。

(1)数据结构化。数据库系统实现了整体数据的结构化,这是数据库主要的特征之一。这里所说的“整体”结构化,是指在数据库中的数据不只是针对某个应用程序,而是面向整体的。

(2)数据共享。因为数据是面向整体的,所以数据可以被多个用户、多个应用程序共享使用,从而可以大幅度地减少数据冗余,节约存储空间,避免数据之间的不相容性与不一致性。例如,企业为所有员工统一配置即时通信和电子邮箱软件,若两种软件的用户数据(如员工姓名、所属部门、职位等)无法共享,就会出现如下问题。

①两种软件各自保存自己的数据,数据结构不一致,无法互相读取。软件的使用者需要向两个软件分别录入数据。

②由于相同的数据保存两份,会造成数据冗余,浪费存储空间。

③若修改其中一份数据,忘记修改另一份数据,就会造成数据的不一致。

使用数据库系统后,数据只需保存一份,其他软件都通过数据库系统存取数据,从而实现了数据的共享,解决了前面提到的问题。

(3)数据独立性高。数据的独立性包含逻辑独立性和物理独立性。其中,逻辑独立性是指数据库中数据的逻辑结构和应用程序相互独立;物理独立性是指数据物理结构的变化不影响数据的逻辑结构。

(4)数据统一管理与控制。数据的统一控制包含安全控制、完整控制和并发控制。简单来说,就是防止数据丢失,确保数据正确有效,并且在同一时间内,允许用户对数据进行多路存取,防止用户之间的异常交互。例如,春节期间网上订票时,由于出行人数多、时间集中和抢票的问题,火车票数据在短时间内会发生巨大的变化,数据库系统要保证数据不能出现问题。

1.1.3　数据库存储结构

通过前面的讲解可知,数据库是存储和管理数据的仓库,但数据库并不能直接存储数据,数据是存储在表中的,在存储数据的过程中,一定会用到数据库服务器。所谓的数据库服务器,就是指在计算机上安装一个数据库管理程序,如 MySQL。数据库、表、数据库服务器之间的关系如图 1-1-2 所示。

由图 1-1-2 可以看出,一个数据库服务器可以管理多个数据库,通常情况下,开发人员会针对每个应用创建一个数据库。为保存应用中实体的数据,会在数据库中创建多个表(用于存储和描述数据的逻辑结构)，每个表都记录着实体的相关信息。

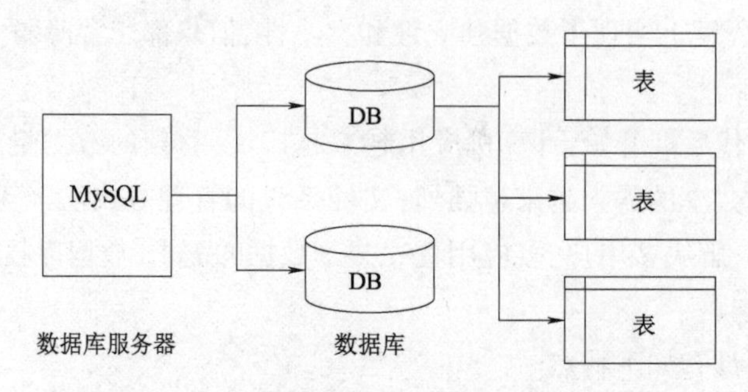

图 1-1-2 数据库服务器、数据库、表之间的关系

对于初学者来说，一定很难理解应用中的实体数据是如何存储在表中的，接下来通过一个图例来描述，如图 1-1-3 所示。

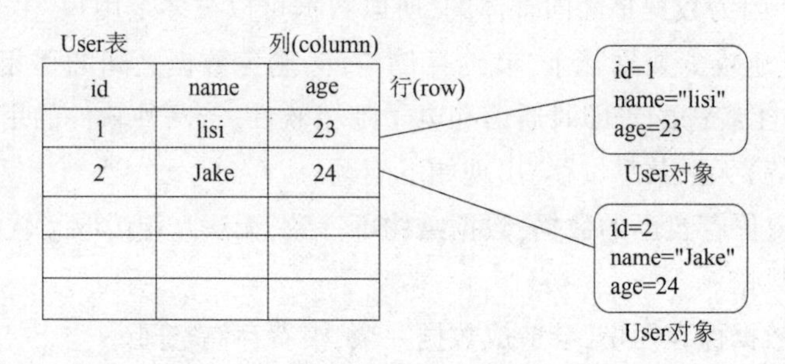

图 1-1-3 表中的数据

图 1-1-3 描述了 User 表的结构以及数据的存储方式，表的横向被称为行，纵向被称为列，每一行的内容被称为一条记录，每一列的列名被称为字段，如 id、name 等。通过观察该表可以发现，User 表中的每一条记录，如 1 lisi 23，实际上就是一个 User 对象。

1.1.4 SQL 语言

SQL(Structured Query Language，结构化查询语言)是一种数据库查询语言和程序设计语言，主要用于管理数据库中的数据，如存取数据、查询数据、更新数据等。

SQL 是 IBM 公司于 1975—1979 年开发出来的，在 20 世纪 80 年代，SQL 被美国国家标准学会(ANSI)和国际标准化组织(International Organization for Standardization，ISO)定义为关系数据库语言的标准。目前，各大数据库厂商的数据库产品在很大程度上支持 SQL-92 标准，并在实践过程中对 SQL 标准做了一些修改和补充，所以，不同数据库产品的 SQL 仍然存在少量的差别。

SQL 是由 4 部分组成的，具体如下：

(1)数据定义语言(Data Definition Language，DDL)。数据库定义语言主要用于定义数据库、表等。例如，CREATE 语句用于创建数据库、数据表等，ALTER 语句用于修改表的定义等，DROP 语句用于删除数据库、删除表等。

(2)数据操作语言(Data Manipulation Language，DML)。数据操作语言主要用于对数据进行添加、修改和删除操作。例如,INSERT 语句用于插入数据,UPDATE 语句用于修改数据,DELETE 语句用于删除数据。

(3)数据查询语言(Data Query Language,DQL)。数据查询语言主要用于查询数据。例如,使用 SELECT 语句可以查询数据库中的一条数据或多条数据。

(4)数据控制语言(Data Control Language,DCL)。数据控制语言主要用于控制用户的访问权限。例如,GRANT 语句用于给用户增加权限,REVOKE 语句用于收回用户的权限,COMMIT 语句用于提交事务,ROLLBACK 语句用于回滚事务。

以上列举的 4 部分语言,在本书后面的几个章节中,会对其语法和使用进行详细讲解。

SQL 语言有五大优点,如下所述:

1. 综合统一

SQL 语言不是某个特定数据库供应商专有的语言,所有关系型数据库都支持 SQL 语言。SQL 语言集数据定义语言 DDL、数据操纵语言 DML、数据控制语言 DCL 的功能于一体,语言风格统一,可以独立完成数据库生命周期中的全部活动,包括定义关系模式、录入数据以建立数据库、查询、更新、维护、数据库重构、数据库安全性控制等一系列操作要求,这就为数据库应用系统开发提供了良好的环境。例如,用户在数据库投入运行后,还可根据需要随时逐步修改模式,并不影响数据库的运行,从而使系统具有良好的可扩展性。

2. 高度非过程化

非关系数据模型的数据操纵语言是面向过程的,用其完成某项请求,必须指定存取路径。而用 SQL 语言进行数据操作,用户只需提出“做什么”,而不必指明“怎么做”,因此用户无须了解存取路径,存取路径的选择以及 SQL 语句的操作过程由系统自动完成。这不但大大减轻了用户负担,而且有利于提高数据独立性。

3. 面向集合的操作方式

SQL 语言采用集合操作方式,不仅查找结果可以是元组的集合,而且一次插入、删除、更新操作的对象也可以是元组的集合。非关系数据模型采用的是面向记录的操作方式,任何一个操作的对象都是一条记录,例如查询所有平均成绩在 80 分以上的学生姓名,用户必须说明完成该请求的具体处理过程,即如何用循环结构按照某条路径一条一条地把满足条件的学生记录读出来。

4. 以同一种语法结构提供两种使用方式

SQL 语言既是自含式语言,又是嵌入式语言。作为自含式语言,它能够独立地用于联机交互的使用方式,用户可以在终端键盘上直接输入 SQL 命令对数据库进行操作。作为嵌入式语言,SQL 语句能够嵌入高级语言(例如 C、Java)程序中,供程序员设计程序时使用。在两种不同的使用方式下,SQL 语言的语法结构基本是一致的。这种统一的语法结构提供两种不同的使用方式的特点,为用户提供了极大的灵活性与方便性。

5. 语言简洁,易学易用

SQL 语言非常简洁。虽然 SQL 语言功能很强,但是为完成核心功能,只用了 6 个命令,包括 SELECT、CREATE、INSERT、UPDATE、DELETE、GRANT(REVOKE)。另外,SQL 语言也非常简单,它很接近英语自然语言,因此容易学习、掌握。SQL 语言目前已成为应用最广的关系数据库语言。

1.1.5 比较流行的数据库管理系统

Oracle 数据库：是由甲骨文公司开发的，采用关系型数据存储方式，即通过表和行来存储数据，并通过关系连接各个表。在数据库领域，Oracle 数据库一直处于领先地位，这主要得益于其强大的功能和卓越的性能。

首先，Oracle 数据库具有出色的兼容性，能够与其他系统和应用程序无缝集成。无论是与旧系统还是新系统，Oracle 数据库都能够轻松地连接和共享数据，确保数据的完整性和一致性。

其次，Oracle 数据库具有优秀的可移植性，可以在不同的硬件和操作系统上运行。这为企业提供了更大的灵活性，使其能够根据业务需求轻松扩展，而无须受到硬件或软件的限制。

最后，Oracle 数据库具有出色的可连接性，支持多种连接协议，使用户能够轻松连接到数据库并访问其中的数据。此外，它还支持多种编程语言和工具，为开发人员提供了便利，使其能够轻松构建各种应用程序。

综上所述，Oracle 数据库是一款功能强大、性能卓越的关系型数据库，具有出色的兼容性、可移植性和可连接性。这些特性使得 Oracle 数据库成为众多企业和组织在数据库领域的首选。

SQL Server 数据库：微软公司开发的一种关系型数据库，被广泛使用于电子商务、银行、保险、电力等行业。这种数据库具有强大的功能，能够高效地处理大量的数据，并且具有灵活的应用程序管理功能，可以满足不同行业的需求。此外，这种数据库还基于 Web，使用户可以通过互联网进行访问和管理，进一步提高了其便利性和效率。

DB2 数据库：DB2 数据库是 IBM 公司研制的一款关系型数据库，它具有强大的存储能力和高效的数据处理能力，特别适用于处理海量数据。然而，与许多其他关系型数据库相比，DB2 的操作过程可能较为复杂，需要一定的技术知识和经验。

MongoDB 数据库：是一个由 10gen 公司开发的非关系型数据库，被誉为“面向文档的数据库”。它拥有丰富的功能和强大的查询语言，为用户提供了高效、灵活、可靠的数据存储和处理能力。MongoDB 的高性能特性使得它能够处理大量的数据和复杂的查询，同时，它的易部署和易使用特性使得它成为许多开发者的首选数据库。此外，MongoDB 还具有存储数据非常方便的特性，无论是结构化数据还是非结构化数据，都能够轻松地存储在 MongoDB 中。最重要的是，MongoDB 是开源的，这意味着用户可以自由地使用、修改和分享它的源代码。

MySQL 数据库：MySQL 数据库是一款免费开源、小型、关系型数据库管理系统。随着该数据库功能的不断完善、性能的不断提高，其可靠性不断增强。2000 年 4 月，MySQL 对旧的存储引擎进行了整理，命名为 MyISAM。2001 年，支持事务处理和行级锁的存储引擎 InnoDB 被集成到 MySQL 发行版中，该版本集成了 MyISAM 与 InnoDB 存储引擎，MySQL 与 InnoDB 的正式结合版本是 4.0。2004 年 10 月，发布了经典的 4.1 版本。2005 年 10 月，发布了里程碑的一个

版本 MySQL5. 0,在 MySQL5. 0 中加入了游标、存储过程、触发器、视图和事务的支持。在 MySQL5. 0 之后的版本里,MySQL 明确地迈出高性能数据库的发展步伐,MySQL 公司于 2008 年 1 月 16 日被 SUN 公司收购,而在 2009 年 SUN 公司又被 Oracle 公司收购。MySQL 公司的发展前途一片光明。

MySQL 社区版与其他商业数据库一样,具有数据库系统的通用性,提供了数据的存取、增加、修改、删除或更加复杂的数据操作。同时,MySQL 是关系型数据库管理系统,支持标准的结构化查询语言,此外,MySQL 为客户端提供了适合不同语言的程序接口和链接库,如 C、C++、Java、PHP 等。目前,MySQL 被广泛地应用在 Internet 上的中小型网站中,由于其体积小、速度快、总体拥有成本低,尤其是开放源码这一特点,因此,许多中小型网站为了降低网站总体拥有成本而选择 MySQL 作为网站数据库。

除了这几个最流行的数据库之外,还有中国自主开发的 OceanBase 数据库软件。2021 年 5 月 20 日,阿里巴巴公司自主研发的数据库产品 OceanBase 成为数据库领域唯一在事务处理和数据分析两个领域的国际技术评测中都拿到第一的中国自研数据库。2017 年,OceanBase 第一次走出阿里巴巴,南京银行成为第一家外部客户。如今,OceanBase 已经在多家机构落地应用,帮助企业实现数字化转型。

1. 1. 6　德育融入:大脑是一款数据库管理系统

每一个数据管理系统一经开发,功能会非常强大,可以处理海量数据,以及完成对数据库、数据表和数据的创建、删除、修改、查看。作为数据库技术人员,需要使用 SQL 语言与数据库管理系统进行沟通对话,让它为用户服务,所以接下来的学习以 MySQL 数据库管理系统作为载体,要学习的是如何掌握 SQL 语言,从而让功能强大的 MySQL 为我们所用。

同学们,你们想过最厉害的数据库管理系统是什么吗? 是 Oracle,还是 MySQL,或是其他? 数据库管理系统可以存储海量的数据,可以存储声音和视频,我们的大脑也是如此,不仅可以存储海量信息,还可以存储声音和画面,甚至存储感觉和情绪。MySQL 把数据存储在硬盘里,可我们的大脑还可以把感觉和情绪存储在于五脏六腑中。它会把怒气存储在肝里,把烦气存储在肾里,把恨气存储在心里,把怨气存储在脾里,伤及身体。每个人在刚出生时,他的大脑都是一个最完美的数据库管理系统,那么为什么有的人一生功成名就,有的人却碌碌无为呢? 因为有的人会用语言和自己的大脑沟通,让大脑充分发挥强大的存储功能,取得各种成就,而有的人不会和大脑沟通,甚至毁了这个最好的工具。

那么该如何和大脑进行沟通呢? 想正确使用 MySQL,必须使用 SQL 语言,想充分使用大脑,需要使用事实描述语言。那么什么是事实描述语言呢? 给大家讲个故事。爱迪生先生发明灯泡进行了 1 600 多次的试验,终于找到了最适合灯丝的材料。一次记者发布会上,一个记者问:“爱迪生先生,你真是一个了不起的人,你经历了那么多次的失败,依然能坚持下来,可以谈谈你的感受吗?”爱迪生说:“我从来没有失败过,每次我都成功地发现这个材料不适合。”爱迪生的话就是事实描述性语言。如果掌握了这种语言,也会取得非常大的成就。如果不用这种语言,而是对自己说,我又失败了,我真倒霉,长此以往,会破坏自己的大脑,甚至伤害自己的身体,明明手握利器,却不能建功立业,岂不是人生最大憾事? 期待大家可以掌握事实描述性语言,成就自己的人生。

数据库管理系统 MYSQL 的安装配置和使用(教师录屏软件安装)

思考与总结

1. 数据不仅包括普通意义的数字,还包括文字、图像、声音等。
2. 数据库是按照数据结构来组织、存储和管理数据的仓库。

第 2 节 MySQL 的安装和配置

安装软件之前,先关闭 Windows 防火墙和杀毒软件及安全卫士,避免安装过程出现问题,安装完成后,之前关闭的项目可以重新开启。

MySQL 安装方法和步骤:

安装:双击 Setup. exe 文件,进行 MySQL 的安装,界面如图 1-2-1 所示。

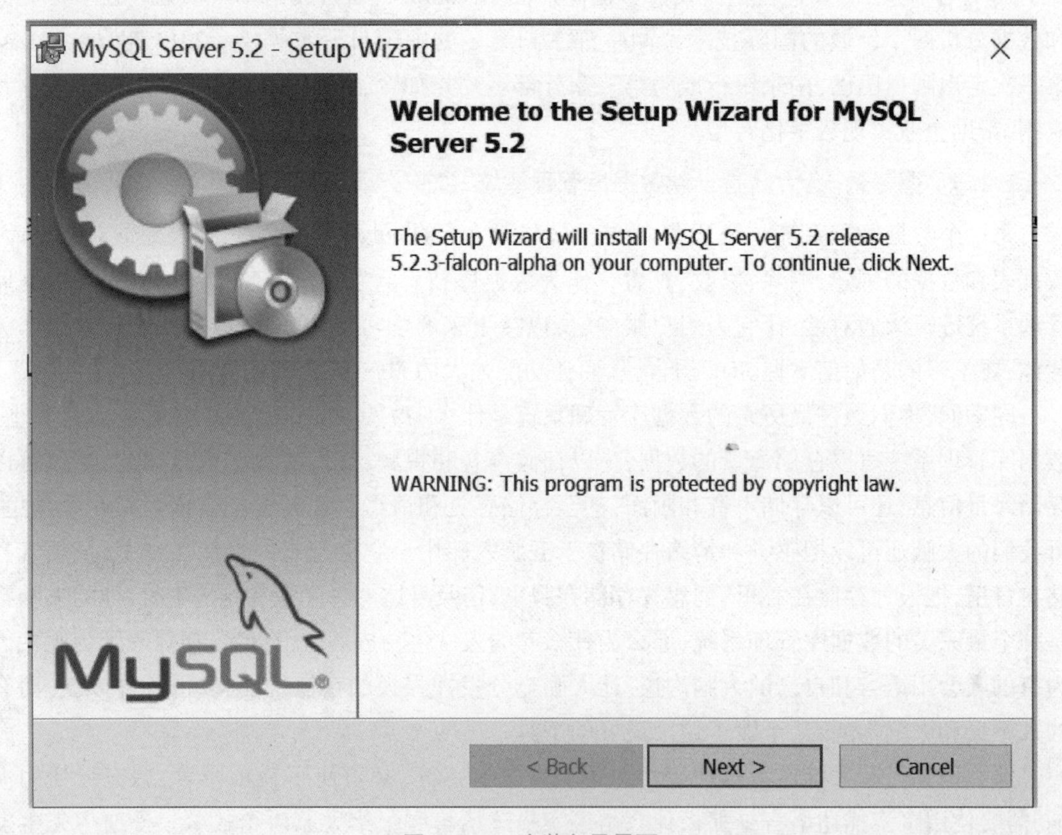

图 1-2-1 安装向导界面

单击“Next”按钮开始“下一步”安装,选择“Custom”选项,如图 1-2-2 所示。

这里可以选择组件和更改文件夹位置,组件可以默认,安装位置也可以默认不改(注意:安装 MySQL 的路径中,不能含有中文),单击“Next”按钮,如图 1-2-3 所示。

单击“Install”按钮,开始安装,如图 1-2-4 和图 1-2-5 所示。

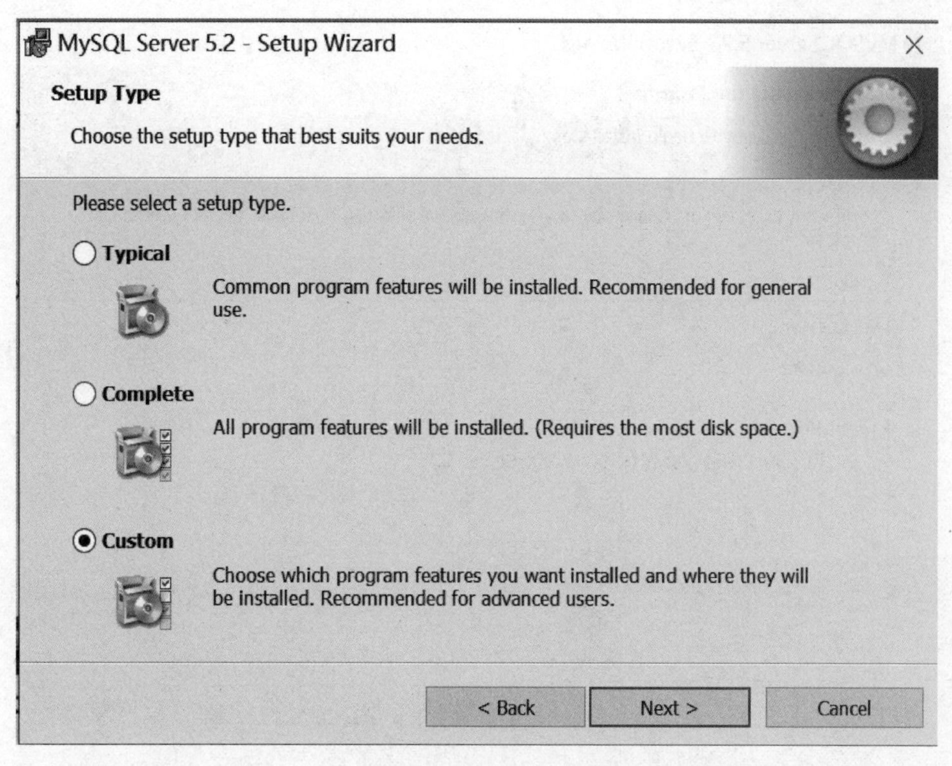

图 1-2-2　选择安装类型界面

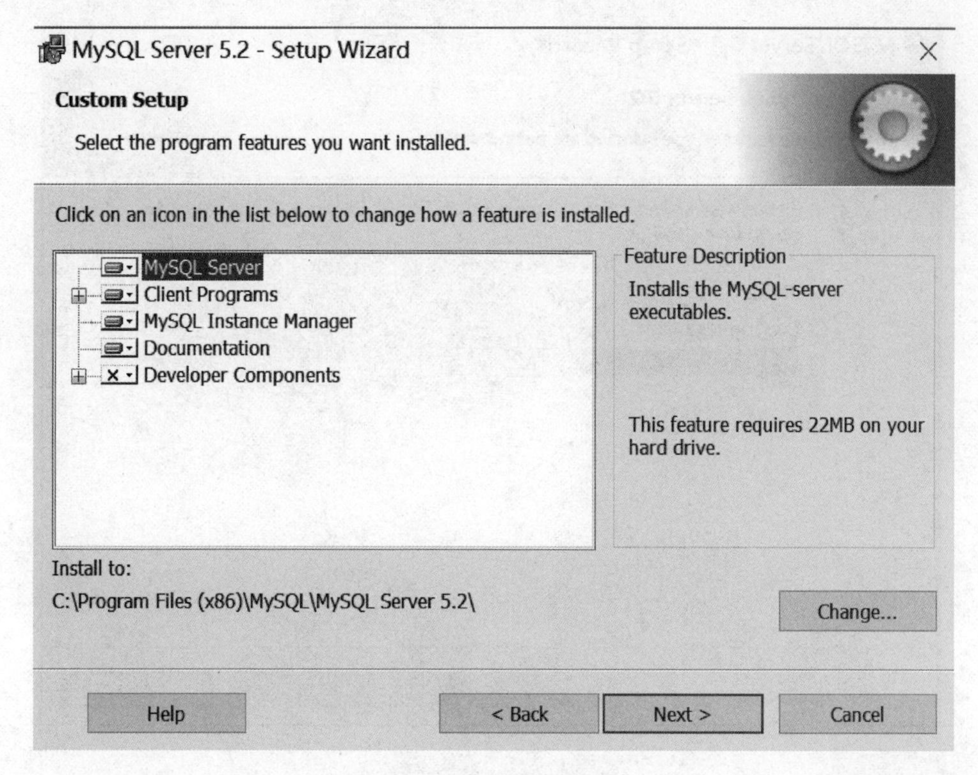

图 1-2-3　定制安装界面

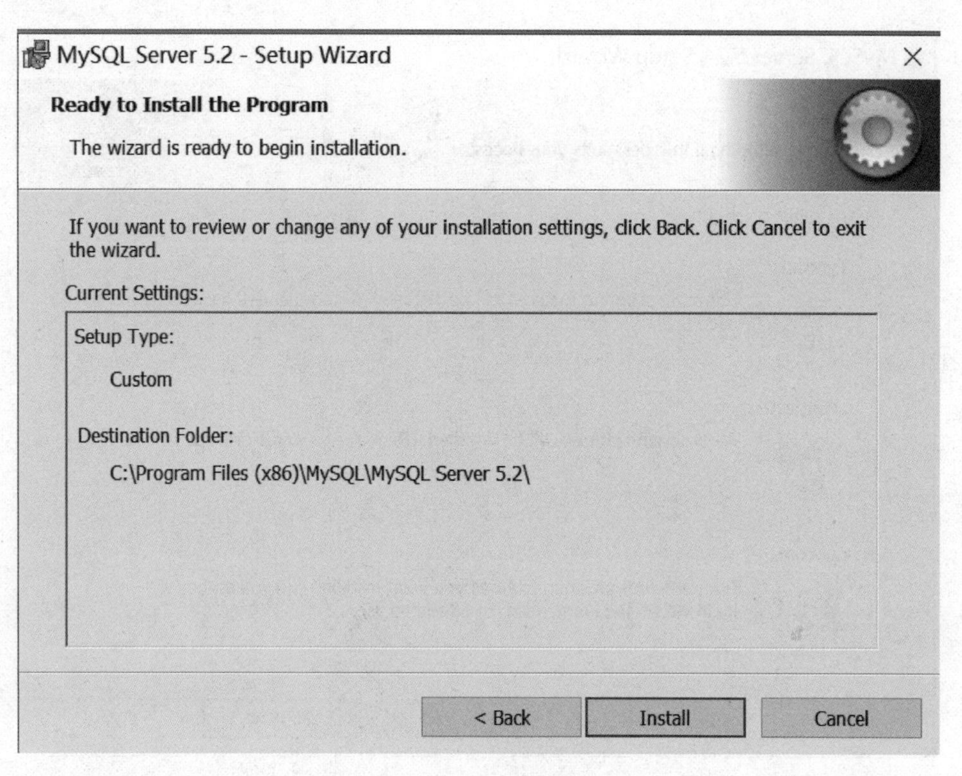

图 1-2-4　更改组件

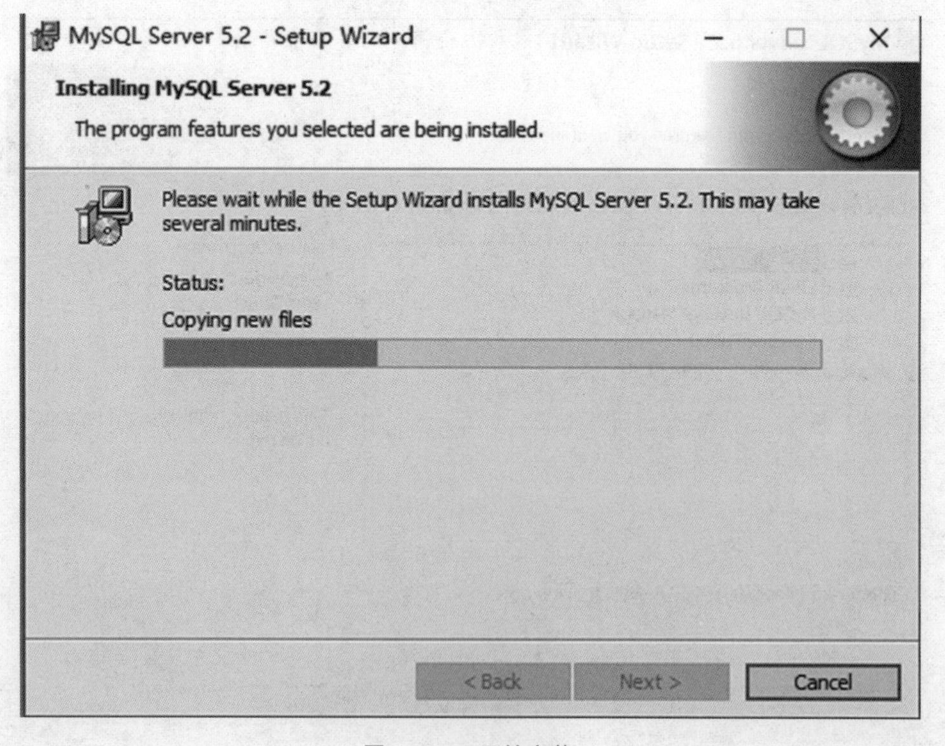

图 1-2-5　开始安装

安装完成后，选择“Skip Sign-Up”，如图 1-2-6 所示，单击“Next”按钮。

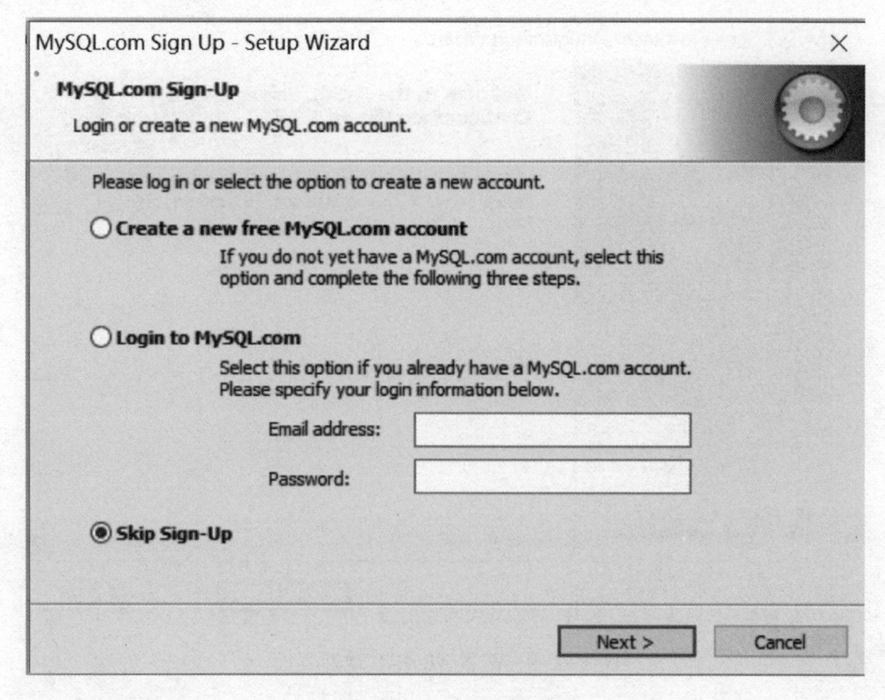

图 1-2-6　跳过登录

单击“Finish”按钮，如图 1-2-7 所示。

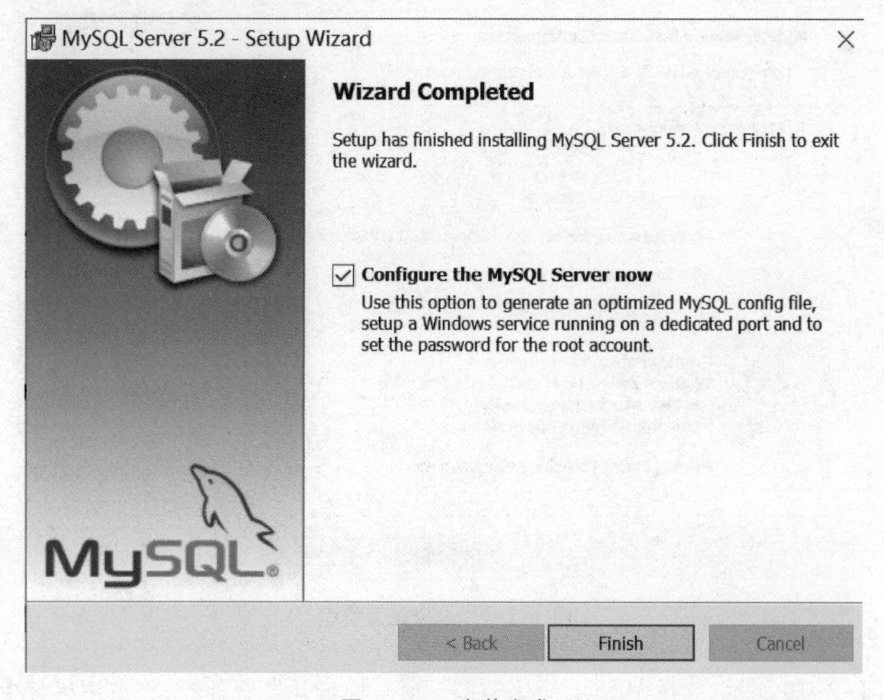

图 1-2-7　安装完成

出现配置欢迎界面,如图 1-2-8 所示,单击“Next”按钮继续。

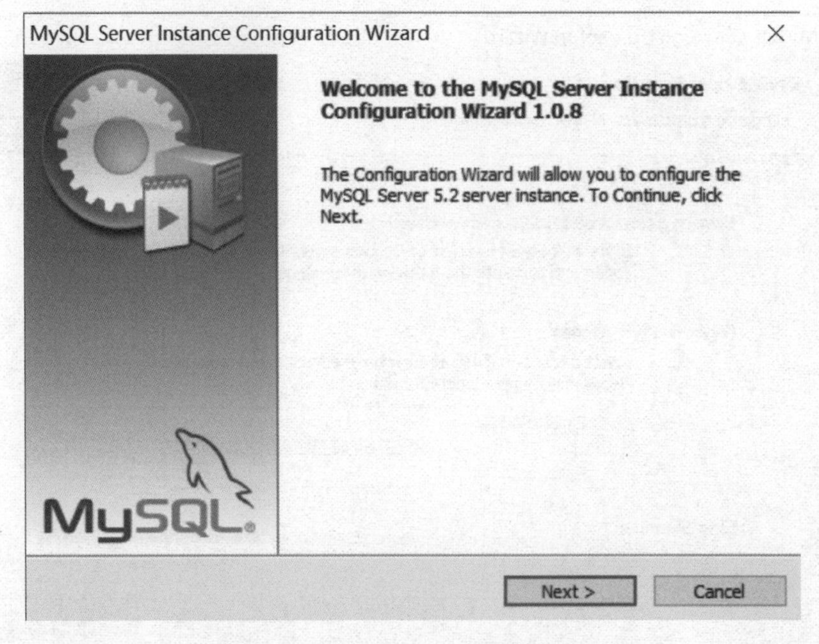

图 1-2-8　配置 MySQL 欢迎界面

选择“Detailed Configuration”,单击“Next”按钮,如图 1-2-9 所示。

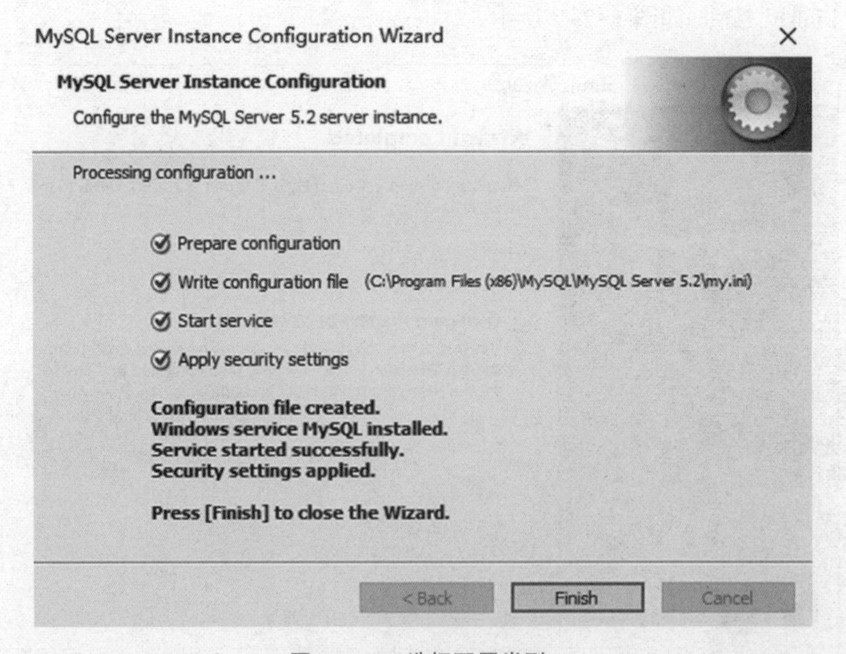

图 1-2-9　选择配置类型

如图 1-2-10 所示,选择 MySQL 应用类型。第一种是开发服务器,将占用尽量少的内存;第二种是普通 Web 服务器,将使用中等数量内存;第三种是这台服务器上只运行 MySQL 数据库,将占用全部的内存。这里选择开发服务器,占用尽量少的内存,用户可根据自己的需求进行选择。

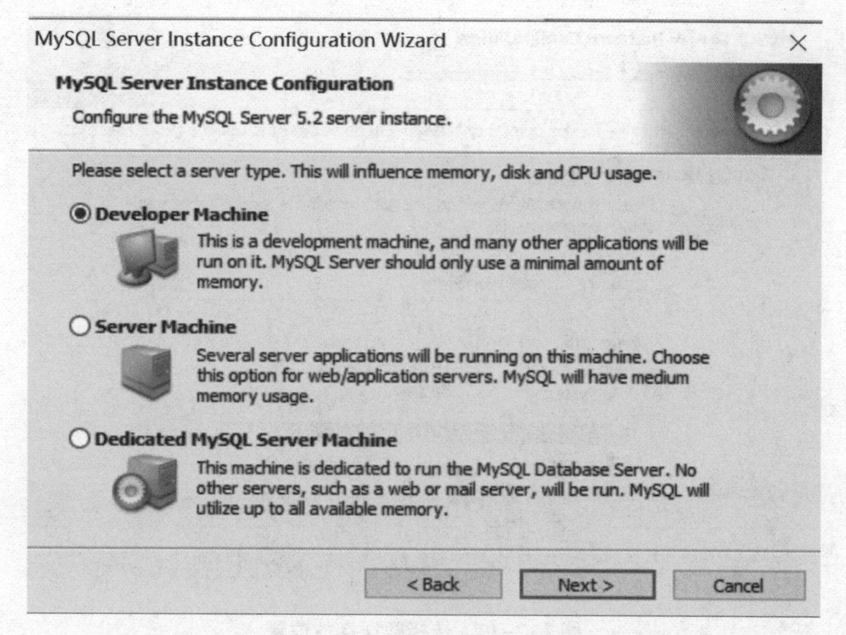

图 1-2-10　选择服务器应用类型

如图 1-2-11 所示,选择数据库用途。第一种是多功能用途,将把数据库优化成很好的 InnoDB 存储类型和高效率的 MyISAM 存储类型;第二种是只用于事务处理类型,最好地优化 InnoDB,但同时也支持 MyISAM;第三种是非事务处理类型,适用于简单的应用,只有不支持事务的 MyISAM 类型是被支持的。一般选择第一种功能,单击“Next”按钮。

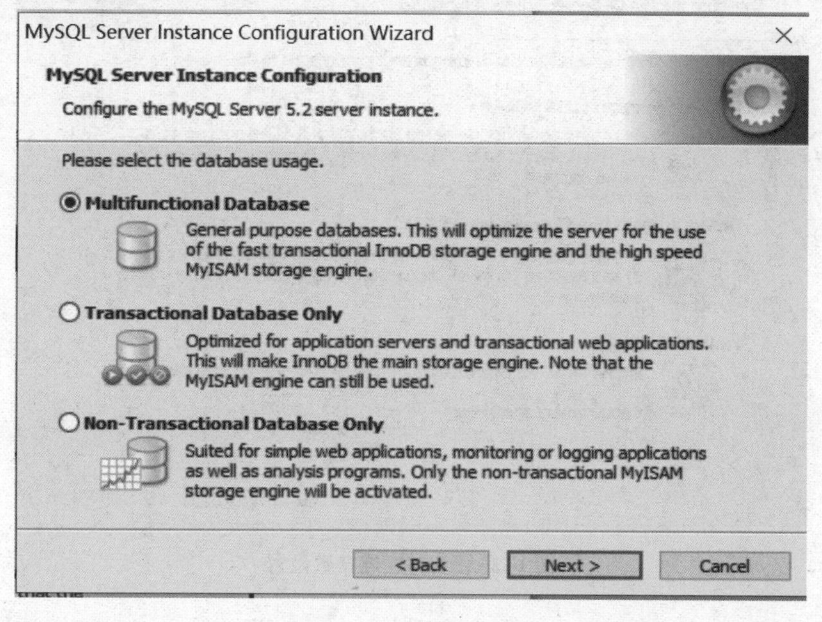

图 1-2-11　数据库用途

如图 1-2-12 所示,选择数据存放位置。与之前设置的安装路径有关,默认即可,不要修改。

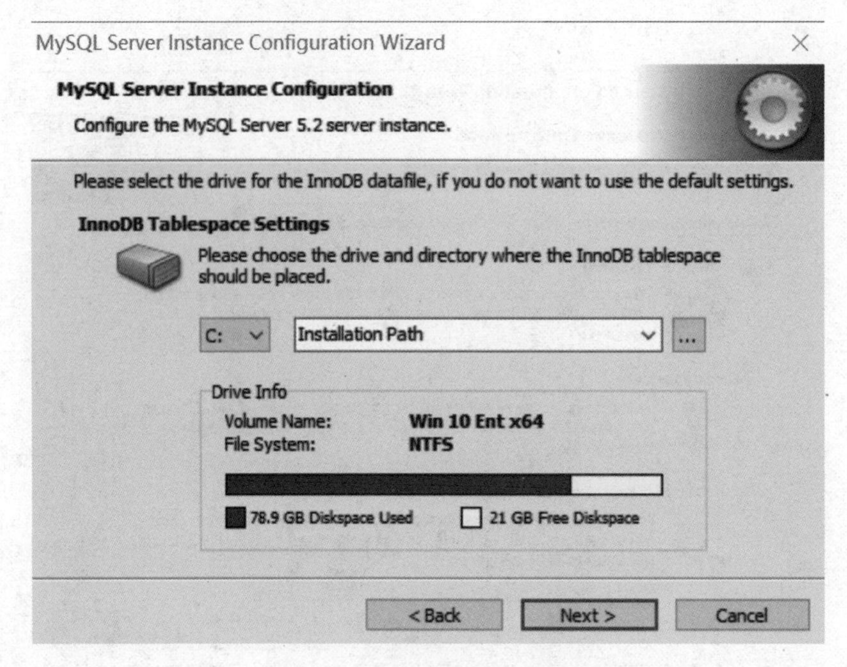

图 1-2-12　选择数据存放位置

如图 1-2-13 所示,选择 MySQL 允许的最大连接数。第一种是最大 20 个并发连接数;第二种是最大 500 个并发连接数;第三种是自定义,可以根据自己的需要选择,默认即可。

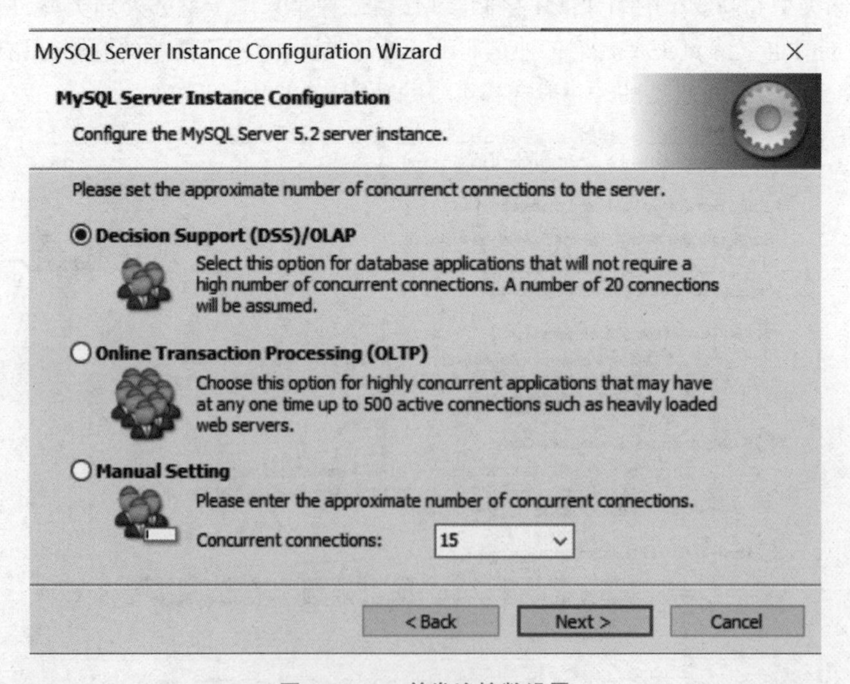

图 1-2-13　并发连接数设置

如图 1-2-14 所示,选择数据库监听的端口。一般默认为 3306,如果改成其他端口,连接数据库时,要记住修改的端口,否则,不能连接 MySQL 数据库。这里使用 MySQL 的默认端口 3306。单击“Next”按钮。

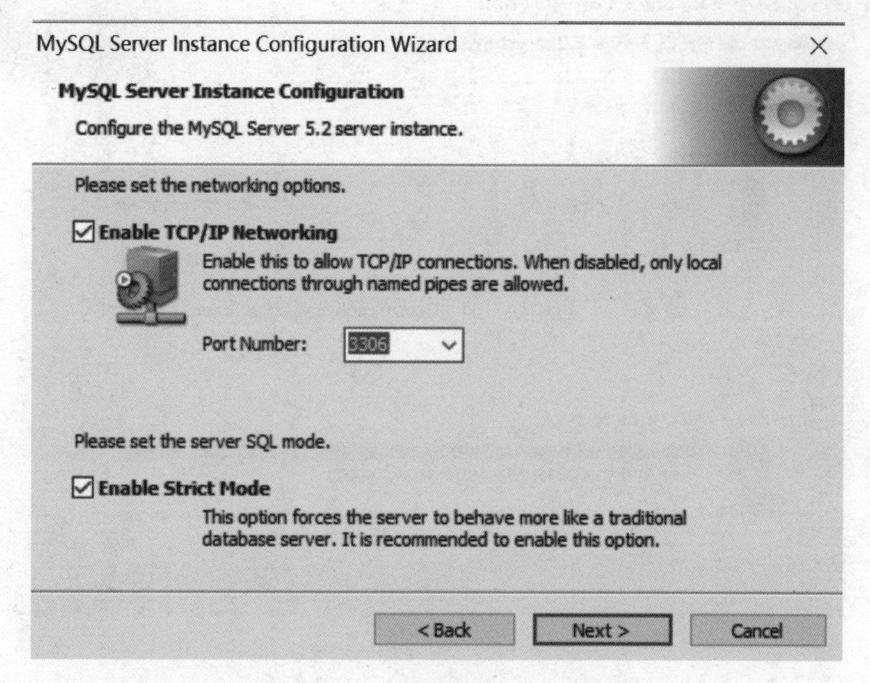

图 1-2-14　选择数据库监听的端口

选择第三项,表示支持多种语言,如图 1-2-15 所示,单击“Next”按钮。

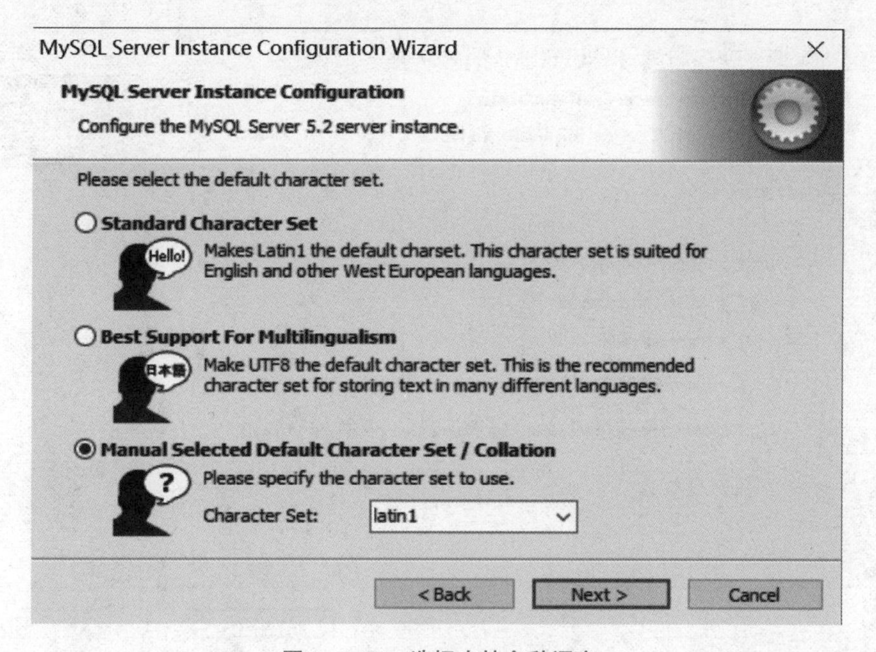

图 1-2-15　选择支持多种语言

如图 1-2-16 所示,设置 MySQL 的超级用户密码,至少 4 位。

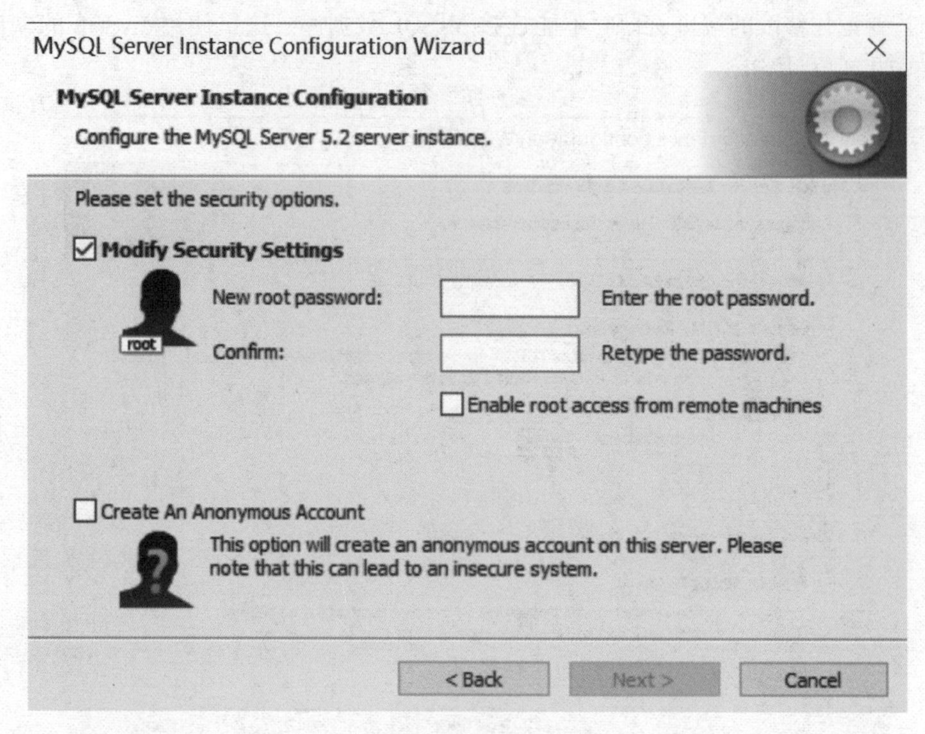

图 1-2-16　安全设置界面

当两次输入的密码一致后,记住该密码,单击“Next”按钮继续。等待完成即可,如图 1-2-17 所示。

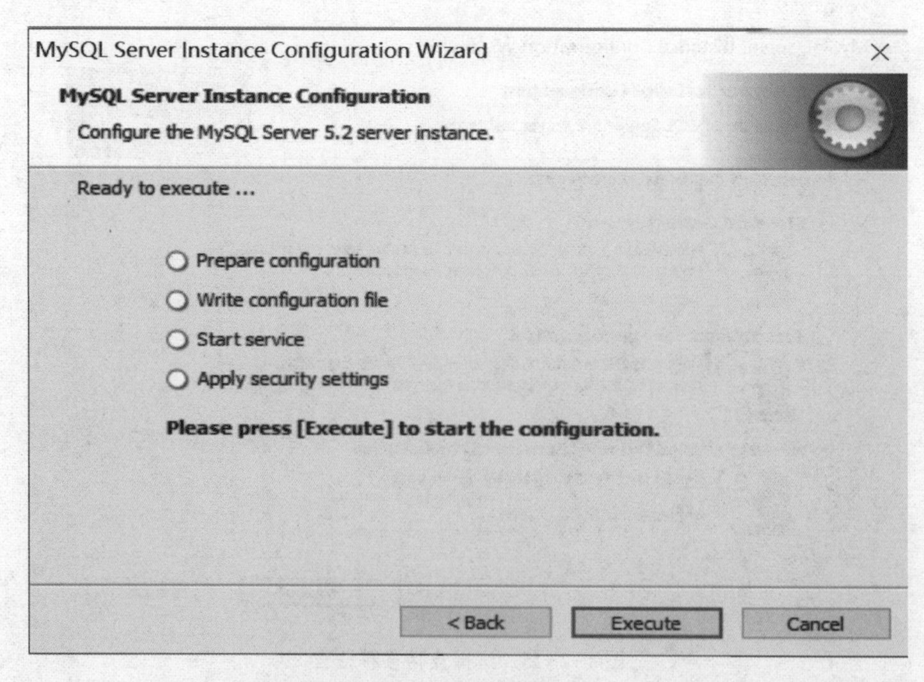

图 1-2-17　准备执行界面

图 1-2-18 中的 4 个对号都出现,即为安装成功。

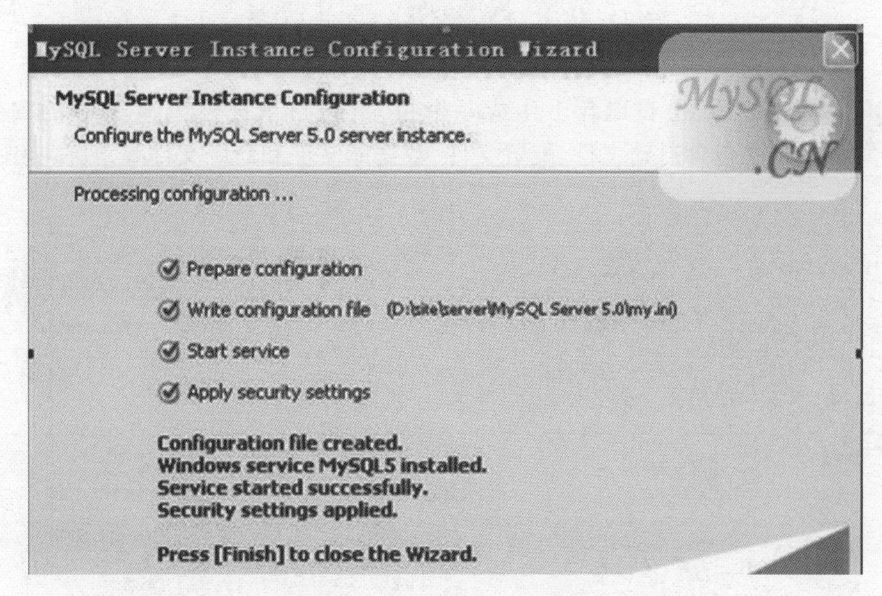

图 1-2-18　安装成功界面

MySQL 软件的启动:

单击“开始”→“所有程序”→“MySQL”→“MySQL Server 5.2”→“MySQL Command Line Client”,界面如图 1-2-19 所示。

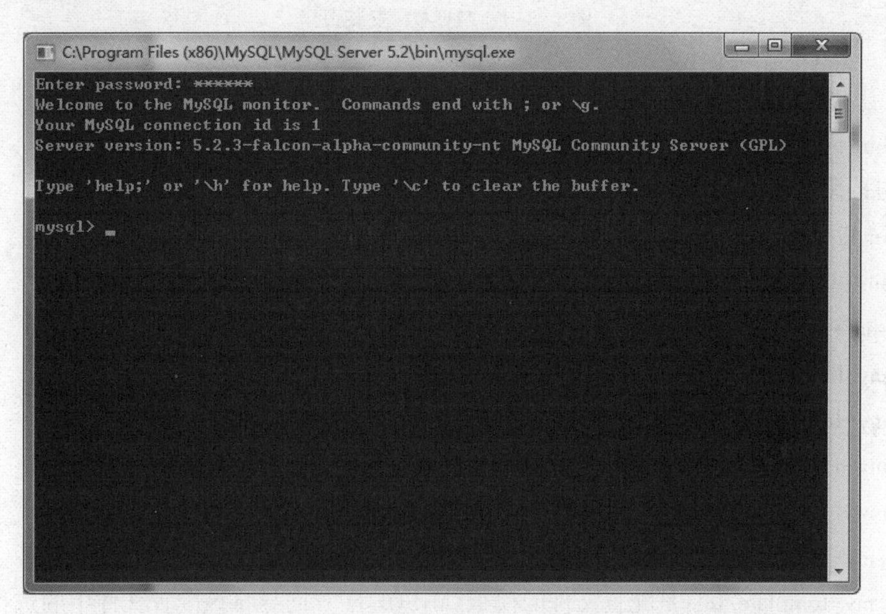

图 1-2-19　成功登录服务器界面

输入安装过程中设定的密码,即可成功登录。

第 3 节 MySQL 目录结构

MySQL 安装完成后，会在磁盘上生成一个目录，该目录被称为 MySQL 的安装目录。MySQL 的安装目录中包含启动文件、配置文件、数据库文件和命令文件等，具体如图 1-3-1 所示。

图 1-3-1 MySQL 安装目录

为了让初学者更好地学习 MySQL，下面对 MySQL 的安装目录进行详细讲解。

(1) bin 目录：用于放置一些可执行文件，如 MySQL. exe、MySQLd. exe、MySQLshow. exe 等。

(2) data 目录：用于放置一些日志文件以及数据库。

(3) include 目录：用于放置一些头文件，如 MySQL. h、MySQLd_ername. h 等。

(4) lib 目录：用于放置一系列的库文件。

(5) share 目录：用于存放字符集、语言等信息。

(6) my. ini：是 MySQL 数据库中使用的配置文件。

(7) my-huge. ini：适合超大型数据库的配置文件。

(8) my-large. ini：适合大型数据库的配置文件。

(9) my-medium. ini：适合中型数据库的配置文件。

(10) my-small. ini：适合小型数据库的配置文件。

(11) my-template. ini：是配置文件的模板，MySQL 配置向导将该配置文件中的选择项写入 my. ini 文件。

(12) my-innodb-heavy-4G. ini：表示该配置文件只对 InnoDB 存储引擎有效，而且服务器的内存不能小于 4 GB。

需要注意的是，在上述配置文件中，my. ini 是 MySQL 正在使用的配置文件，该文件是一定会被读取的,其他的配置文件都是适合不同数据库的配置文件的模板,会在某些特殊情况下被读取,如果没有特殊需求,只需配置 my. ini 文件即可。

第 4 节　启动 MySQL 服务

1. 4. 1　启动 MySQL 服务

MySQL 安装完成后,需要启动服务进程,否则,客户端无法连接数据库。在前面的配置过程中,已经将 MySQL 安装为 Windows 服务,当 Windows 启动时,MySQL 服务也会随之启动,然而有时需要手动控制 MySQL 服务的启动与停止,此时可以通过两种方式来实现。

1. 通过 Windows 服务管理器启动 MySQL 服务

通过 Windows 的服务管理器可以查看 MySQL 服务是否开启。首先单击“开始”菜单,在弹出的菜单中选择“运行”命令,打开“运行”对话框,输入 services. msc 命令,单击“确定”按钮,此时就会打开 Windows 服务管理器,如图 1-4-1 所示。

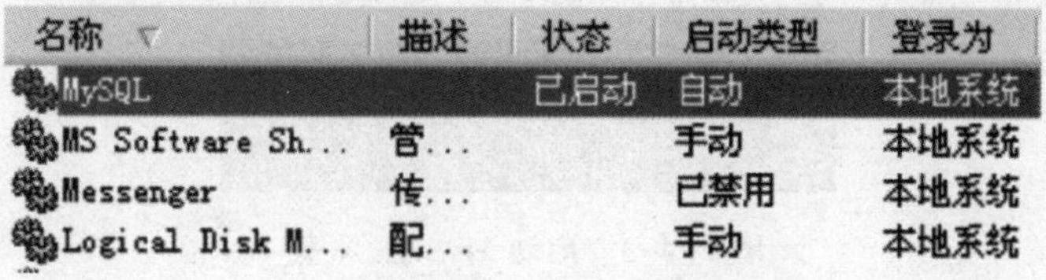
名称
描述
状态
启动类型
登录为
MySQL
已启动
自动
本地系统
MS Software Sh...
管...
手动
本地系统
Messenger
传...
已禁用
本地系统
Logical Disk M...
配...
手动
本地系统

图 1-4-1　Windows 服务管理器

从图 1-4-1 中可以看出,MySQL 服务没有启动,此时可以直接双击 MySQL 服务项打开“MySQL 的属性”对话框,通过单击“启动”按钮来修改服务的状态,如图 1-4-2 所示。

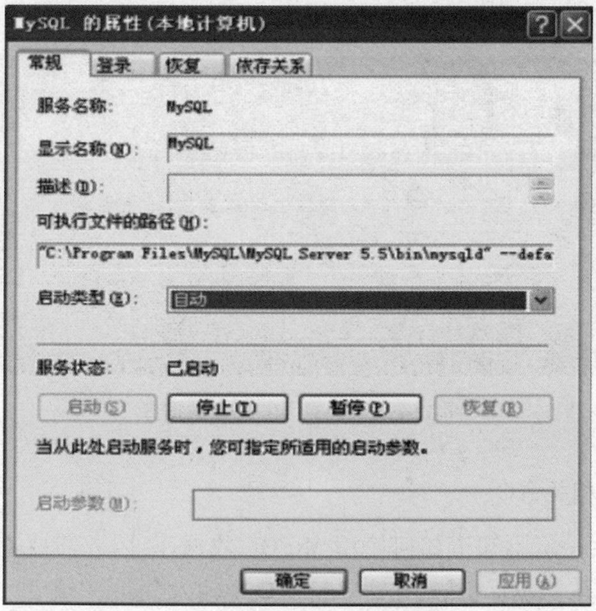
MySQL 的属性(本地计算机)
常规
登录
恢复
依存关系
服务名称:
MySQL
显示名称(N):
MySQL
描述(D):
可执行文件的路径(H):
"C:\Program Files\MySQL\MySQL Server 5.5\bin\mysqld" --defa
启动类型(E):
自动
服务状态:
已启动
启动(S)
停止(T)
暂停(P)
恢复(R)
当从此处启动服务时,您可指定所适用的启动参数。
启动参数(M):
确定
取消
应用(A)

图 1-4-2　“MySQL 的属性”对话框

图 1-4-2 中有一个启动类型的选项,该选项中有 3 种类型可供选择,具体如下。

(1)自动:通常与系统有紧密关联的服务才必须设置为自动,它就会随系统一起启动。

(2)手动:服务不会随系统一起启动,直到需要时才会被激活。

(3)已禁用:服务将不再启动,即使在需要它时,也不会被启动,除非修改为上面两种类型。

针对上述 3 种情况,初学者可以根据实际需求进行选择,在此建议选择"自动"或者"手动"。

2. 通过 DOS 命令启动 MySQL 服务

MySQL 服务不仅可以通过 Windows 服务管理器启动,还可以通过 DOS 命令来启动。通过 DOS 命令启动 MySQL 服务的具体命令如下:

```
net start MySQL
```

执行完上述命令后,显示的结果如图 1-4-3 所示。

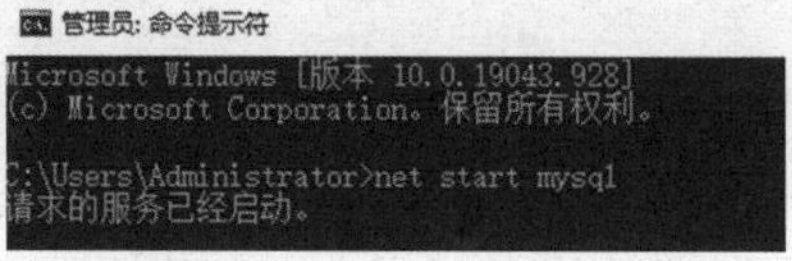

```
管理员: 命令提示符
Microsoft Windows [版本 10.0.19043.928]
(c) Microsoft Corporation。保留所有权利。

C:\Users\Administrator>net start mysql
请求的服务已经启动。
```

图 1-4-3　启动 MySQL 服务

1.4.2　登录 MySQL 数据库

在"开始"菜单中依次单击"程序"→"MySQL"→"MySQL Server 5.5"→"MySQL 5.5 Command Line Client",打开 MySQL 命令行客户端窗口,此时会提示输入密码。密码输入正确后,便可以登录到 MySQL 数据库,如图 1-4-4 所示。

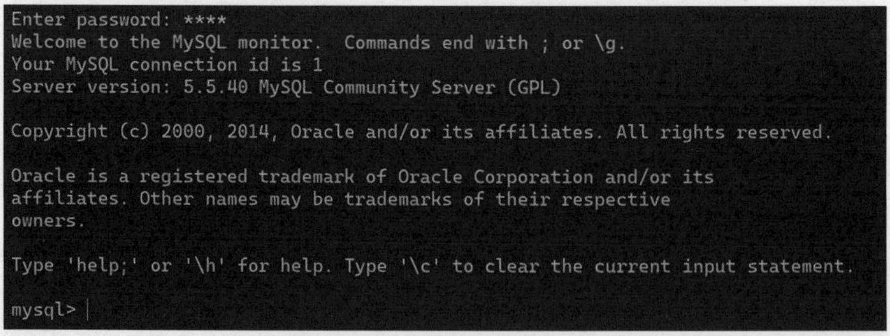

```
Enter password: ****
Welcome to the MySQL monitor.  Commands end with ; or \g.
Your MySQL connection id is 1
Server version: 5.5.40 MySQL Community Server (GPL)

Copyright (c) 2000, 2014, Oracle and/or its affiliates. All rights reserved.

Oracle is a registered trademark of Oracle Corporation and/or its
affiliates. Other names may be trademarks of their respective
owners.

Type 'help;' or '\h' for help. Type '\c' to clear the current input statement.

mysql>
```

图 1-4-4　登录 MySQL 数据库

1.4.3　MySQL 相关命令

对于初学者来说,一定不知道如何使用 MySQL 数据库,因此需要查看 MySQL 的帮助信息。首先登录到 MySQL 数据库,然后在命令行窗口中输入"help;"或者"\h"命令,此时就会显示 MySQL 的帮助信息。MySQL 相关命令如图 1-4-5 所示。

```
List of all MySQL commands:
Note that all text commands must be first on line and end with ';'
?         (\?) Synonym for `help'.
clear     (\c) Clear the current input statement.
connect   (\r) Reconnect to the server. Optional arguments are db and host.
delimiter (\d) Set statement delimiter.
ego       (\G) Send command to mysql server, display result vertically.
exit      (\q) Exit mysql. Same as quit.
go        (\g) Send command to mysql server.
help      (\h) Display this help.
notee     (\t) Don't write into outfile.
print     (\p) Print current command.
prompt    (\R) Change your mysql prompt.
quit      (\q) Quit mysql.
rehash    (\#) Rebuild completion hash.
source    (\.) Execute an SQL script file. Takes a file name as an argument.
status    (\s) Get status information from the server.
tee       (\T) Set outfile [to_outfile]. Append everything into given outfile.
use       (\u) Use another database. Takes database name as argument.
charset   (\C) Switch to another charset. Might be needed for processing binlog with multi-byte charsets.
warnings  (\W) Show warnings after every statement.
nowarning (\w) Don't show warnings after every statement.
```

图 1-4-5　MySQL 相关命令

图 1-4-5 中列出了 MySQL 的所有命令,这些命令既可以使用一个单词来表示,也可以通过"\字母"的方式来表示。为了让初学者更好地掌握 MySQL 相关命令,通过一张表来列举 MySQL 中的相关命令,见表 1-4-1。

表 1-4-1　MySQL 相关命令

命令	简写	具体含义
?	(\?)	显示帮助信息
clear	(\c)	消除当前输入语句
connect	(\r)	连接到服务器,可选参数为数据库和主机
delimiter	(\d)	设置语句分隔符
ego	(\G)	发送命令到 MySQL 服务器,并显示结果
exit	(\q)	退出 MySQL
go	(\g)	发送命令到 MySQL 服务器
help	(\h)	显示帮助信息
notee	(\t)	不写输出文件
print	(\p)	打印当前命令
prompt	(\R)	改变 MySQL 提示信息
quit	(\q)	退出 MySQL

续表

命令	简写	具体含义
rehash	(\#)	重建完成散列
source	(\.)	执行一个 SQL 脚本文件,以一个文件名作为参数
status	(\s)	从服务器获取 MySQL 的状态信息
tee	(\T)	设置输出文件(输出文件),并将信息添加到所有给定的输出文件
use	(\u)	使用另一个数据库,数据库名称作为参数
charset	(\C)	切换到另一个字符集
warning	(\W)	每一个语句之后显示警告
nowarning	(\w)	每一个语句之后不显示警告

表 1-4-1 中的命令都用于操作 MySQL 数据库,为了更好地使用这些命令,接下来以\s、\u 命令为例进行演示,具体如下。

使用\s 命令查看数据库信息,运行结果如图 1-4-6 所示。

```
mysql> \s
--------------
D:\phpStudy\mysql\bin\mysql.exe  Ver 14.14 Distrib 5.5.40, for Win32 (x86)

Connection id:          1
Current database:
Current user:           root@localhost
SSL:                    Not in use
Using delimiter:        ;
Server version:         5.5.40 MySQL Community Server (GPL)
Protocol version:       10
Connection:             localhost via TCP/IP
Server characterset:    gbk
Db     characterset:    gbk
Client characterset:    gbk
Conn.  characterset:    gbk
TCP port:               3306
Uptime:                 15 sec

Threads: 1  Questions: 5  Slow queries: 0  Opens: 33  Flush tables: 1  Open tables: 26  Queries per second avg: 0.333
--------------

mysql> |
```

图 1-4-6　运行结果

从上述信息可以看出,使用\s 命令显示了 MySQL 当前的版本、字符集编码以及端口号等信息。需要注意的是,上述信息中有 4 个字符集编码,其中,Server characterset 为数据库服务器的编码、Db characterset 为数据库的编码、Client characterset 为客户端的编码、Conn. characterset 为建立连接使用的编码。

接下来使用\u 命令切换数据库。MySQL5. 5 自带了 4 个数据库,如果要操作其中的数据库 test,首先需要使用\u 命令切换到当前数据库,执行结果如图 1-4-7 所示。

图 1-4-7　切换到 test 数据库

1.4.4　重新配置 MySQL

在前面的章节中,已经通过配置向导对 MySQL 进行了相应配置,但在实际应用中,某些配置可能不符合需求,需要对其进行修改。修改 MySQL 的配置有两种方式,具体如下。

1. 通过 DOS 命令重新配置 MySQL

在命令行窗口中配置 MySQL 是很简单的,接下来就演示如何修改 MySQL 客户端的字符集编码。首先登录到 MySQL 数据库,在该窗口中使用如下命令:

```
set character_set_client =gbk
```

执行完上述命令后,可以使用\s 命令进行查看,数据库的相关信息如图 1-4-8 所示。

```
mysql> \s
--------------
D:\phpStudy\mysql\bin\mysql.exe  Ver 14.14 Distrib 5.5.40, for Win32 (x86)

Connection id:          1
Current database:
Current user:           root@localhost
SSL:                    Not in use
Using delimiter:        ;
Server version:         5.5.40 MySQL Community Server (GPL)
Protocol version:       10
Connection:             localhost via TCP/IP
Server characterset:    gbk
Db     characterset:    gbk
Client characterset:    gbk
Conn.  characterset:    gbk
TCP port:               3306
Uptime:                 15 sec

Threads: 1  Questions: 5  Slow queries: 0  Opens: 33  Flush tables: 1  Open tables: 26  Queries per second avg: 0.333
--------------

mysql>
```

图 1-4-8　数据库的相关信息

2. 通过 my.ini 文件重新配置 MySQL

如果想让修改的编码长期有效,就需要在 my.ini 配置文件中进行配置。首先打开 my.ini 文件,如图 1-4-9 所示。

在图 1-4-9 中,可以看到客户端的编码是通过“default-character-set=utf8”语句配置的,如果想要修改客户端的编码,直接将该语句中的 utf8 替换为 gbk 即可,然后重新开启一个命令行窗口登录 MySQL,此时可以看到客户端的编码修改成功了,而且建立数据库连接的编码也被修改为 gbk,如图 1-4-10 所示。

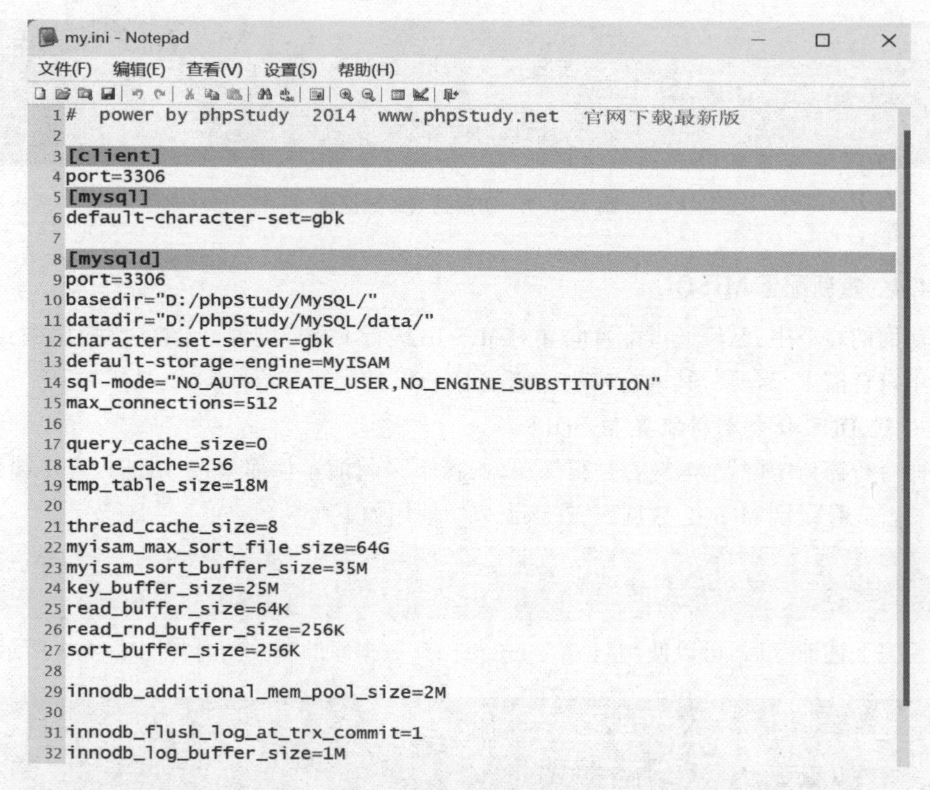

图 1-4-9 my.ini 的设置

```
mysql> \s
--------------
D:\phpStudy\mysql\bin\mysql.exe  Ver 14.14 Distrib 5.5.40, for Win32 (x86)

Connection id:          1
Current database:
Current user:           root@localhost
SSL:                    Not in use
Using delimiter:        ;
Server version:         5.5.40 MySQL Community Server (GPL)
Protocol version:       10
Connection:             localhost via TCP/IP
Server characterset:    gbk
Db     characterset:    gbk
Client characterset:    gbk
Conn.  characterset:    gbk
TCP port:               3306
Uptime:                 15 sec

Threads: 1  Questions: 5  Slow queries: 0  Opens: 33  Flush tables: 1  Open tables: 26  Queries per second avg: 0.333
--------------

mysql>
```

图 1-4-10 数据库的相关信息

1.4.5 常用图形化工具

MySQL 命令行客户端的优点在于不需要额外安装，在 MySQL 软件包中已经提供。然而命令行这种操作方式不够直观，而且容易出错。为了更方便地操作 MySQL，可以使用一些图形化工具。本节将对 MySQL 常用的图形化工具进行讲解。

Navicat 是一套快速、可靠的图形化数据库管理工具，它的设计符合数据库管理员、开发人员及中小企业的需要。支持的数据库包括 MySQL、MariaDB、SQL Server、SQLite、Oracle 以及 PostgreSQL。

下面以 Navicat 为例进行演示。打开软件后，在菜单栏执行“文件”→“新建连接”→“MySQL”命令，打开如图 1-4-11 所示对话框。

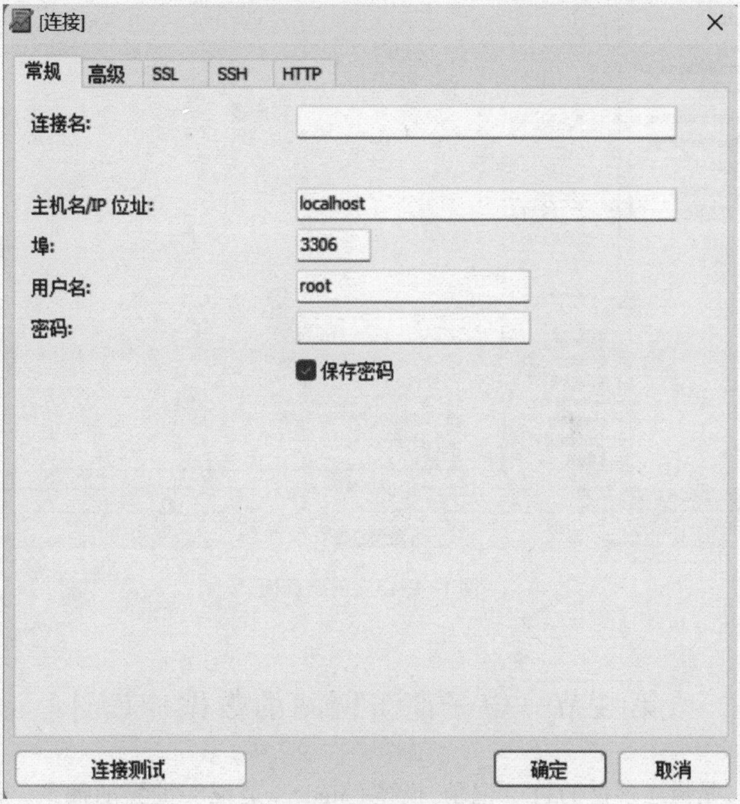

图 1-4-11 新建连接

输入密码，成功连接后的结果如图 1-4-12 所示。

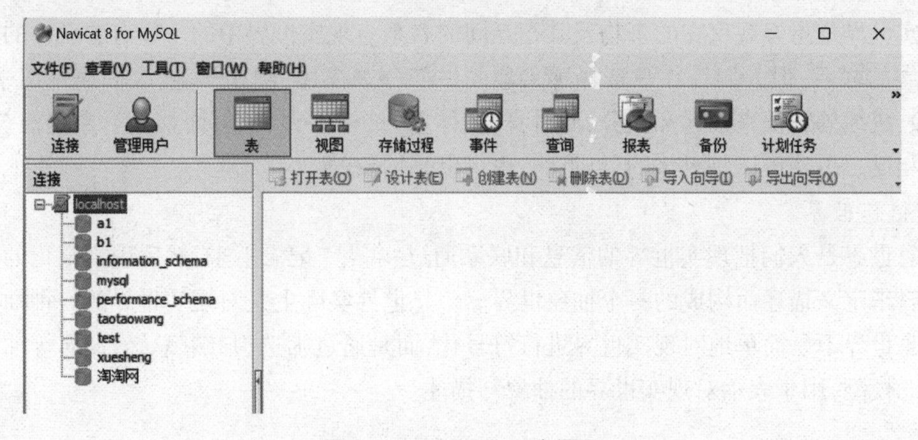

图 1-4-12 Navicat 主界面

单击工具栏中的“查询”按钮,可以执行创建查询操作,如图 1-4-13 所示。

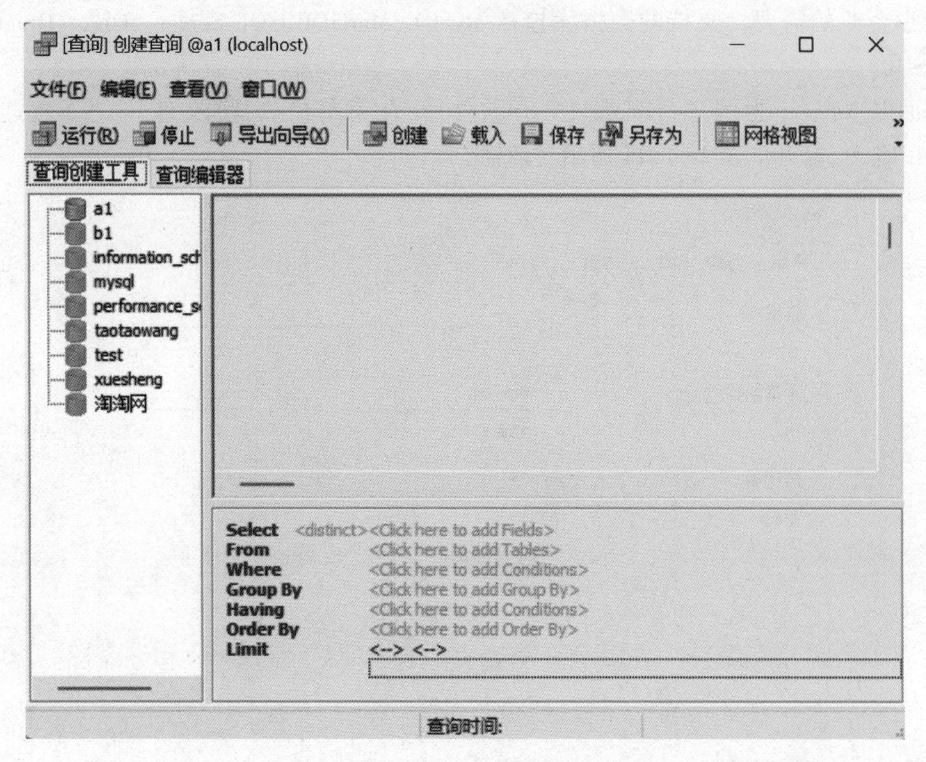

图 1-4-13 创建查询

第 5 节 电子商务网站的数据库设计

数据(Data)是描述事物的符号记录,模型(Model)是现实世界的抽象。数据模型(Data Model)是数据特征的抽象,包括数据的结构部分、操作部分和约束条件。数据的加工是一个逐步转化的过程,经历了现实世界、信息世界和计算机世界 3 个不同的层面。

1. 现实世界

现实世界是指客观存在的事物及其相互间的联系。现实世界中的事物有着众多的特征和千丝万缕的联系,但人们往往只选择感兴趣的一部分来描述,例如学生,人们通常用学号、姓名、班级、成绩等特征来描述和区分,而对身高、体重、长相不太关心;而如果对象是演员,则可能正好相反。事物可以是具体的、可见的,也可以是抽象的。

2. 信息世界

信息世界是人们把现实世界的信息和联系通过“符号”记录下来,然后用规范化的数据库定义语言来定义描述而构成的一个抽象世界。信息世界实际上是对现实世界的一种抽象化描述。信息世界不是简单地对现实世界进行符号化,而是通过筛选、归纳、总结、命名等抽象过程形成概念模型,用于表示对现实世界的抽象与描述。

3. 计算机世界

计算机世界是将信息世界的内容数据化后的产物,即将信息世界中的概念模型进一步转换成数据模型,形成的便于计算机处理的数据表现形式。

4. 数据库设计

数据库设计是指对于一个给定的应用环境,构造最优的数据库模式,建立数据库及其应用系统,有效存储数据,满足用户信息要求和处理要求。图 1-5-1 展示了根据现实世界的实体模型优化设计数据库的主要步骤:首先,现实世界的实体模型通过建模转化为信息世界的概念模型(即 E-R 模型);其次,概念模型经过模型转化,得到数据库世界使用的数据模型(在关系数据库设计中为关系模型);最后,数据模型进一步规范化,形成科学、规范、合理的实施模型——数据库结构模型。

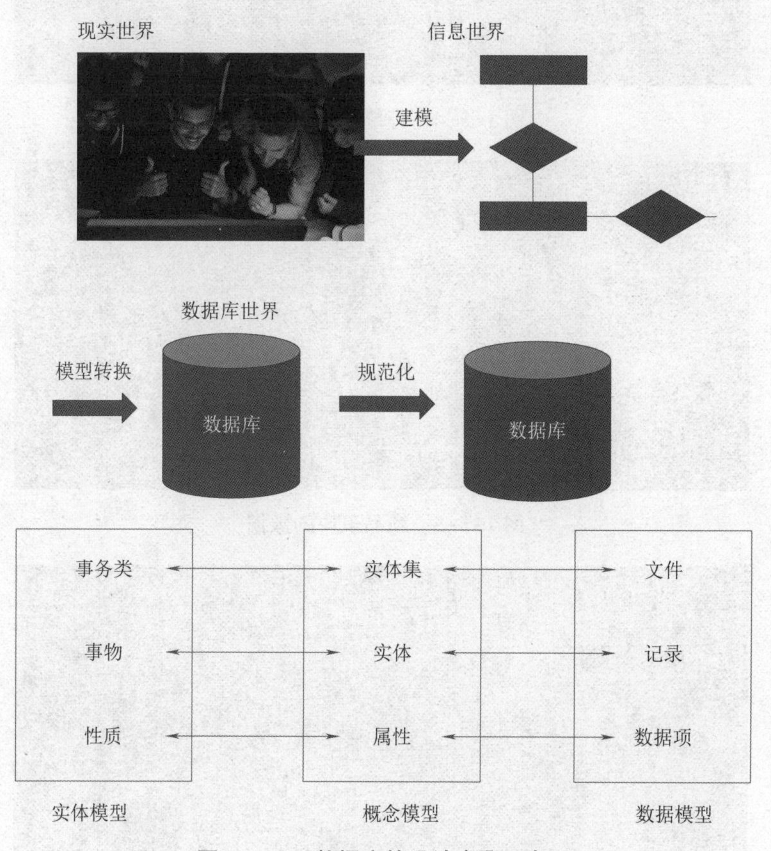

图 1-5-1　数据库的设计步骤示意图

本商务网站为了方便初学者操作,每个数据表中的数据仅以较少的数据进行操作,因此,每个数据表的数据如图 1-5-2～图 1-5-6 所示。

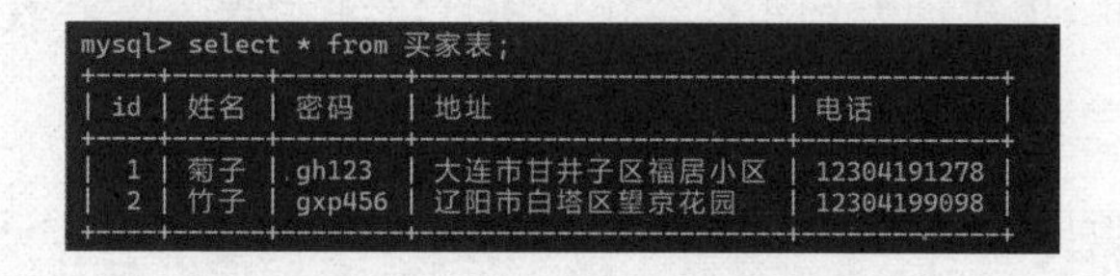

```
mysql> select * from 买家表;
+----+------+--------+------------------------+-------------+
| id | 姓名 | 密码   | 地址                   | 电话        |
+----+------+--------+------------------------+-------------+
|  1 | 菊子 | gh123  | 大连市甘井子区福居小区 | 12304191278 |
|  2 | 竹子 | gxp456 | 辽阳市白塔区望京花园   | 12304199098 |
+----+------+--------+------------------------+-------------+
```

图 1-5-2　买家表中的数据

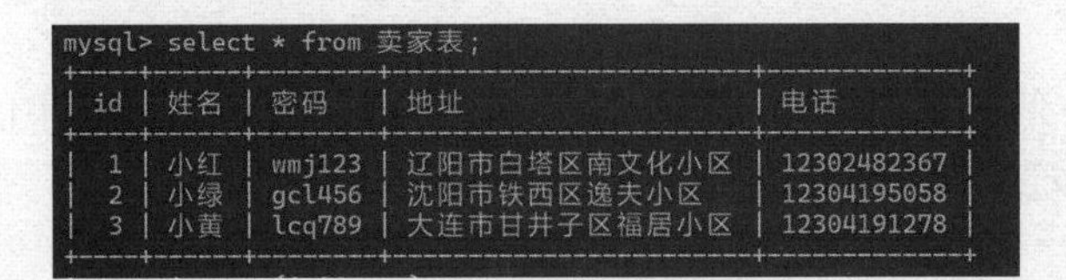

```
mysql> select * from 卖家表;
```

id	姓名	密码	地址	电话
1	小红	wmj123	辽阳市白塔区南文化小区	12302482367
2	小绿	gcl456	沈阳市铁西区逸夫小区	12304195058
3	小黄	lcq789	大连市甘井子区福居小区	12304191278

图 1-5-3　卖家表中的数据

id	商品主键	单价	数量	总价	买家主键
1	3	15	2	30	1
2	2	20	1	20	1
3	1	10	4	40	2
4	4	13	2	26	2
5	2	20	3	60	2

图 1-5-4　订单表中的数据

id	名称	价格	库存	卖家主键
1	糖果a	10	1000	1
2	糖果b	20	500	1
3	饮料c	15	200	2
4	饮料d	13	100	3
5	饮料	13	200	1
6	小饮料	10	280	2
7	果汁饮	8	120	3

图 1-5-5　商品表中的数据

id	买家主键	商品主键	商品数量
1	1	3	2
2	1	2	1
3	2	1	4
4	2	4	2
5	2	2	3

图 1-5-6　购物车表中的数据

本书之后的内容中用到的 5 个数据表中的数据，都是以这 5 个数据表中的数据为基础进行操作的。到目前为止，电子商务网站的数据库设计全部完成。

本章小结

本章主要讲解了数据库的基础知识、MySQL 的安装与配置以及 MySQL 的使用，通过本章的学习，希望初学者真正掌握 MySQL 数据库的基础知识，并且学会在 Windows 平台上安装与

配置 MySQL,为后面章节奠定扎实的基础。

考核作业

题目:请简述一下你对数据、数据库、数据库管理系统的理解。

考核点:对抽象概念的掌握。

难度:简单。

第2章 电子商务网站数据库和数据表的实现

知识目标

1. 学会对数据库进行创建、修改、查看与删除。
2. 学会创建数据表,并分配合理的数据类型。
3. 学会删除数据表和修改数据表。
4. 学会添加4种表约束。

网站数据库的创建、修改、查看与删除

素养目标

掌握数据库的增、删、改、查操作,为创建数据表和添加数据打好坚实的基础;能给数据表中的字段赋予合理的数据类型,从而实现数据的正确录入;能给数据表添加适当的表约束,防止错误的数据录入。

第1节 网站数据库的创建、修改、查看与删除

数据库像一个幕后英雄,如果没有它,网站的运营将寸步难行。电子商务网站最基本的功能是在线购物,需要有买家表、卖家表、商品表、订单表和购物车表5个数据表。数据表是在数据库中创建的,因此,首先创建一个名为淘淘网的数据库,用来保存电子商务网站中的所有数据。其次,在数据库中创建核心数据表,分别为买家表、卖家表、商品表、订单表和购物车表。最后,完成各种数据的录入、查看、删除和修改。本节学习如何创建一个数据库。

1. 创建数据库

创建数据库的语句是:

```
create database 数据库名字;
```

创建电子商务网站的数据库名字为淘淘网,所以语句写为“create database 淘淘网;”,如图2-1-1所示。

数据库的名字可以是英文字母、数字和下划线组成的任意字符串或者汉字,数字可以出现在开头,但是后面必须跟下划线或字母,数字不能单独作为数据库名字。比如,数据库名字可以是a2、2a、2_、_a。需要注意的是,MySQL语句要以英文的分号“;”表示语句结束并执行。如图2-1-1所示,表示数据库创建成功。

```
mysql> create database 淘淘网;
Query OK, 1 row affected (0.00 sec)
```

图 2-1-1　数据库创建成功

创建数据库时,可以直接指定字符集编码,语句是"create database 数据库名 character set 字符集编码;"。比如,将数据库淘淘网的字符集编码在创建时直接指定为 UTF8,那么语句是"create database 淘淘网 character set utf8;",如图 2-1-2 所示。使用查看建库语句查看时,可以看到数据库在创建的同时,已经被指定为 UTF8。

```
mysql> create database 淘淘网 character set utf8;
Query OK, 1 row affected (0.01 sec)

mysql> show create database 淘淘网;
+----------+----------------------------------------------------------------+
| Database | Create Database                                                |
+----------+----------------------------------------------------------------+
| 淘淘网   | CREATE DATABASE `淘淘网` /*!40100 DEFAULT CHARACTER SET utf8 */ |
+----------+----------------------------------------------------------------+
1 row in set (0.00 sec)
```

图 2-1-2　查看建库语句

2. 查看数据库

数据库创建完成后,若要查看该数据库的信息,或者查看 MySQL 服务器当前有哪些数据库,可以使用语句"show databases;",如图 2-1-3 所示。

```
mysql> show databases;
+--------------------+
| Database           |
+--------------------+
| information_schema |
| 淘淘网             |
| mysql              |
| performance_schema |
| test               |
+--------------------+
```

图 2-1-3　查看所有数据库

可以看到 MySQL 服务器已有 5 个数据库,除淘淘网是手动创建的数据库外,其他数据库都是 MySQL 安装时自动创建的。

查看指定数据库的创建信息语句是"show create database 淘淘网;",如图 2-1-4 所示。

以上输出结果显示创建淘淘网数据库的 SQL 语句,以及数据库默认的字符集编码。在 MySQL 中,字符集编码最常用的有两种:UTF8 和 GBK,它们的区别是,UTF8 被称为国际码,全球通用,GBK 被称为中国码,可以识别 20 000 多个汉字。另外,在存储一个汉字时,UTF8 使用

3 字节来存储一个汉字,GBK 使用 2 字节。

```
mysql> show create database 淘淘网;
+--------+-----------------------------------------------------------------+
| Database | Create Database                                               |
+--------+-----------------------------------------------------------------+
| 淘淘网   | CREATE DATABASE `淘淘网` /*!40100 DEFAULT CHARACTER SET gbk */ |
+--------+-----------------------------------------------------------------+
1 row in set (0.00 sec)
```

图 2-1-4　查看建库语句

3. 打开数据库

创建数据库后,需要打开数据库,语句是“use 淘淘网;”,如图 2-1-5 所示。

```
mysql> use 淘淘网;
Database changed
```

图 2-1-5　打开数据库淘淘网

一台数据库服务器,可以根据不同的应用创建出多个数据库,打开某个数据库,这个数据库即为当前正在使用的数据库。打开数据库后,即可在该数据库下进行各种操作了。

4. 修改数据库

修改指的是修改数据库的字符集编码,比如将淘淘网的字符集编码修改为 UTF8。语句是“alter database 淘淘网 character set utf8;”,如图 2-1-6 所示。alter 意为修改,character set 意为字符集编码,指定字符集编码为 UTF8。修改后,使用语句“show create database 淘淘网;”,可以看到字符集编码已经改成 UTF8,如图 2-1-6 所示。

```
mysql> alter database 淘淘网 character set utf8;
Query OK, 1 row affected (0.00 sec)

mysql> show create database 淘淘网;
+--------+------------------------------------------------------------------+
| Database | Create Database                                                |
+--------+------------------------------------------------------------------+
| 淘淘网   | CREATE DATABASE `淘淘网` /*!40100 DEFAULT CHARACTER SET utf8 */ |
+--------+------------------------------------------------------------------+
1 row in set (0.00 sec)
```

图 2-1-6　修改建库语句

5. 删除数据库

语句是“drop database 淘淘网;”,如图 2-1-7 所示。

drop 意为删除,删除的数据库名字一定要和创建数据库时保持一致。使用查看数据库的语句可以看到,该数据库已经删除。

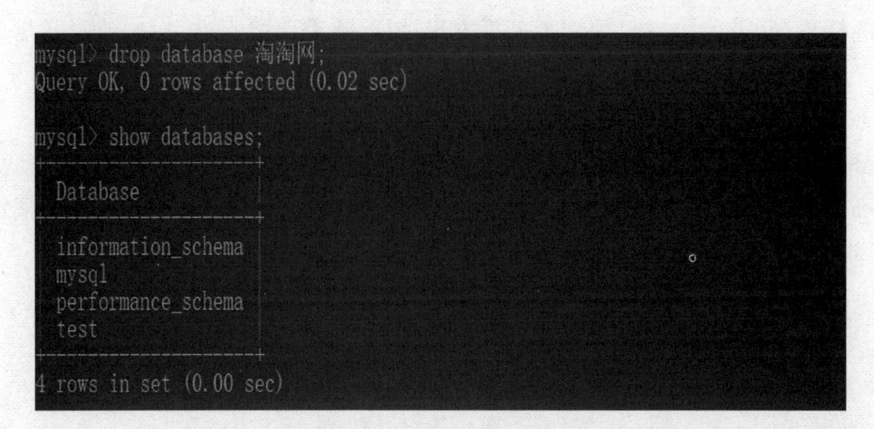

图 2-1-7　删除数据库语句

思考与总结

1. 创建数据库后，必须打开数据库，否则，会提示 No database selected，没有数据库被选择。

2. 数据库命名时，数字可以出现在开头，但是后面要跟下划线或者字母，不能只有数字。

3. 数据库命名时，不区分大小写，如果再创建一个同名的数据库，会提示不能创建该数据库，数据库已存在。

实训演练

1. 创建数据库 a1，并指定字符集编码为 GBK。

2. 查看所有数据库。

3. 修改该数据库的字符集编码为 UTF8。

4. 删除该数据库。

网站数据表的创建

第 2 节　网站数据表的创建

数据库是数据的仓库，为了更充分利用普通仓库的每一个空间，可以将仓库分为若干个小的区域，用来专门存放某一类物品，MySQL 也是如此，在数据库中创建数据表，同类的数据存放在同一个数据表中。即不是直接在数据库中存入数据，而是必须将数据存入数据表中。

1. 创建数据表

创建数据表的语句是“create table 数据表名(字段名 1 数据类型 1，字段名 2 数据类型 2，…)；”，括号内是字段的声明，字段的声明说明该数据表有几个字段、字段名和数据类型分别是什么。字段的声明很像大楼中每一户型的格局说明，如卧室 20 平方米、厨房 10 平方米、卫生间 15 平方米。在建表时，字段名是自定义的，可以是字母，也可以是汉字。最重要的是数据类型的选择，选择合适的数据类型，可以保证之后数据正确地添加到数据表中。

如果类型选择不当，就像卧室只规划了 3 平方米一样，将来床放不进去，这就是数据类型分配不合理。

2. 数据类型

使用 MySQL 数据库存储数据时，不同的数据类型决定了 MySQL 存储数据方式的不同。如图 2-2-1 所示，将大米、水和汽油比喻为将来存入的数据，米袋子、水壶和汽油桶即为数据类型，也即数据的存储方式。

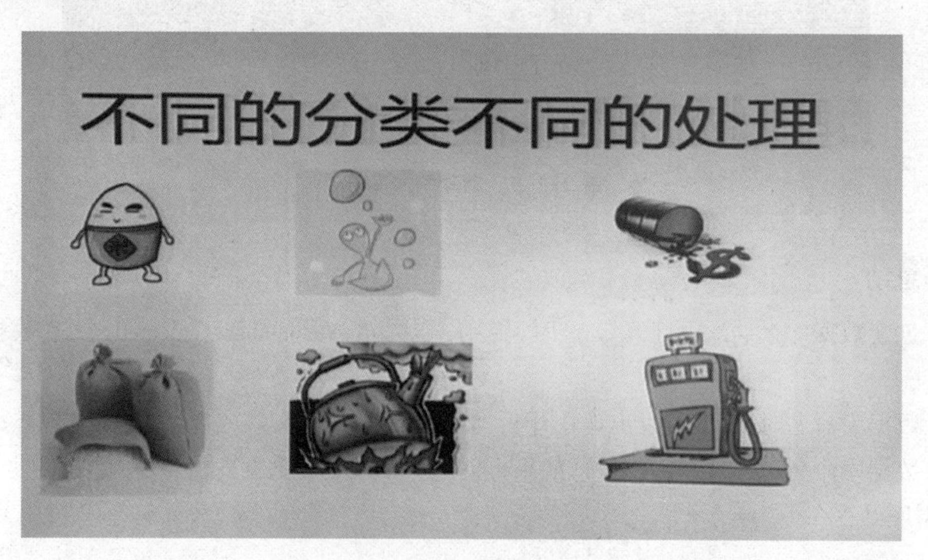

图 2-2-1　数据和数据类型的关系

根据录入的数据选择合适的数据类型，见表 2-2-1。

表 2-2-1　选择合适的数据类型

数据	数据类型
整数	int
小数	float 或者 double
固定长度字符串	char( )
可变长度字符串	varchar( )
日期	date
图片或者 PDF 文件	Blob
文本数据	text

录入的数据是字符型数据时，使用 char( ) 或者 varchar( )，括号内是最大字节数。比如，char(100) 和 varchar(100) 的区别是，char(100) 指的是不管插入的值的长度是多少，每个数据所占的存储空间都是 100 字节，而 varchar(100) 所对应的数据占用的字节数为实际长度加 1。

例如,给姓名字段分配数据类型为 varchar(100),两个字的名字,实际需要字节长度取决于字符集编码,如果是 UTF8,一个汉字需要 3 字节存储,那么存储两个字的名字实际需要 2×3+1=7 字节。不会因为最大字节数是 100 就使用 100 字节。之所以最大字节数设置得多一些,是考虑到名字最长的情况,初学者一定遵循够用的原则。所以,varchar( )不会浪费存储空间,但查询时浪费时间。char( )容易浪费存储空间,但查询数据时用时短。因此各有利弊。

3. 创建买家表

买家需要填写的信息有注册时的用户名、密码、住址和电话,所以,买家表至少有 4 个字段。每个买家需要分配一个编号,和每个人都有一个独一无二的身份证号一样,这个字段名通常指定为 id,于是买家表有 5 个字段,字段名分别为 id、姓名、密码、住址和电话。id 字段将来要存入的数据从 1 开始编号,有一个买家,就有一个编号,依次递增,第二个注册买家 id 为 2,第三个为 3,数据是整数,因此,给这个字段分配数据类型为 int。买家的姓名长度可长可短,所以,数据类型为 varchar( ),最大长度为 100 字节;密码的数据类型为 varchar( ),密码长度可长可短,最大字节数为 20;住址和姓名字段相同,使用 varchar(100),充分考虑住址很长的数据能够存入进来;电话的长度都是一样,11 个数字,不是普通的用于计算的数字,而是一组数字的组合,因此,使用 char( )来存放,数据类型为 char(13)。因此,买家表的建表语句为"create table 买家表(id int,姓名 varchar(100),密码 varchar(20),住址 varchar(100),电话 char(13));",如图 2-2-2 所示。每个字段之间用英文逗号隔开,最后以英文分号结束。

执行成功后,使用"show tables;"查看所有数据表语句,可以看到买家表已经成功创建,如图 2-2-2 所示。

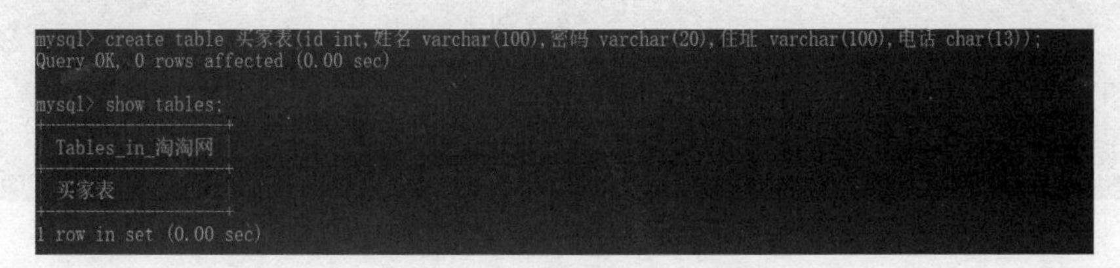

```
mysql> create table 买家表(id int,姓名 varchar(100),密码 varchar(20),住址 varchar(100),电话 char(13));
Query OK, 0 rows affected (0.00 sec)

mysql> show tables;
+-----------------+
| Tables_in_淘淘网 |
+-----------------+
| 买家表           |
+-----------------+
1 row in set (0.00 sec)
```

图 2-2-2　买家表创建成功

思考与总结

1. 录入的数据决定了数据类型的选择。
2. 如果一个数据表录入数据时需要 5 个值,那么这个数据表需要设计成几列呢?

实训演练

1. 创建卖家表。

```
mysql> select * from 卖家表;
```

id	姓名	密码	地址	电话
1	小红	wmj123	辽阳市白塔区南文化小区	12302482367
2	小绿	gcl456	沈阳市铁西区逸夫小区	12304195058
3	小黄	lcq789	大连市甘井子区福居小区	12304191278

2. 创建订单表。

```
mysql> select * from 订单表;
+----+----------+------+------+------+----------+
| id | 商品主键 | 单价 | 数量 | 总价 | 买家主键 |
+----+----------+------+------+------+----------+
|  1 |        3 |   15 |    2 |   30 |        1 |
|  2 |        2 |   20 |    1 |   20 |        1 |
|  3 |        1 |   10 |    4 |   40 |        2 |
|  4 |        4 |   13 |    2 |   26 |        2 |
|  5 |        2 |   20 |    3 |   60 |        2 |
+----+----------+------+------+------+----------+
5 rows in set (0.00 sec)
```

网站数据表的修改和删除

第 3 节 网站数据表的修改与删除

淘淘网中的买家表已经创建。该数据表有 5 个字段,分别是 id、姓名、密码、住址和电话。使用查看表结构语句"desc 表名;",如图 2-3-1 所示,可以看到字段的信息。

```
mysql> desc 买家表;
+-------+--------------+------+-----+---------+-------+
| Field | Type         | Null | Key | Default | Extra |
+-------+--------------+------+-----+---------+-------+
| id    | int(11)      | YES  |     | NULL    |       |
| 姓名  | varchar(100) | YES  |     | NULL    |       |
| 密码  | varchar(20)  | YES  |     | NULL    |       |
| 住址  | varchar(100) | YES  |     | NULL    |       |
| 电话  | char(13)     | YES  |     | NULL    |       |
+-------+--------------+------+-----+---------+-------+
5 rows in set (0.01 sec)
```

图 2-3-1　查看表结构

后期使用商务网站过程中,如果发现买家表信息不够全面,可能需要增加或者删除某个字段,需要修改字段名等。修改数据表的表结构有 5 种情况,分别是增加字段、修改字段名、修改数据类型、删除字段、修改表名。

1. 增加字段

增加字段的语法格式是"alter table 表名 add 新字段名数据类型约束条件;"。新字段名和数据类型必须成对出现,约束条件按实际情况设置,也可以省略。比如买家表中需要增加一个字段,字段名为性别,数据类型为 char(3),用来存放买家的性别。语句是"alter table 买家表 add 性别 char(3);",如图 2-3-2 所示,执行这个语句后,会发现这个字段默认出现在数据表的最后一列。

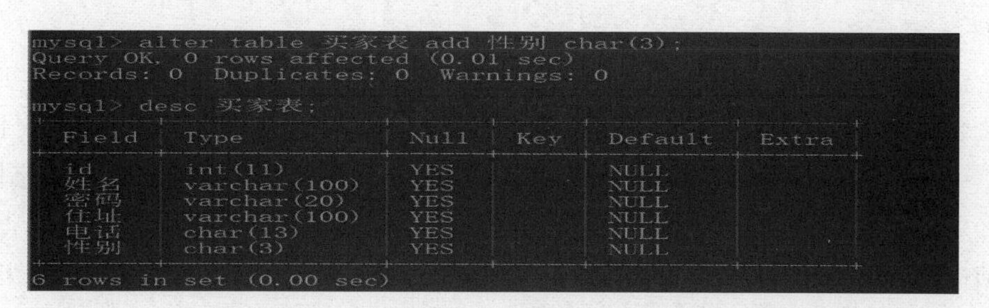

```
mysql> alter table 买家表 add 性别 char(3);
Query OK, 0 rows affected (0.01 sec)
Records: 0  Duplicates: 0  Warnings: 0

mysql> desc 买家表;
+-------+--------------+------+-----+---------+-------+
| Field | Type         | Null | Key | Default | Extra |
+-------+--------------+------+-----+---------+-------+
| id    | int(11)      | YES  |     | NULL    |       |
| 姓名  | varchar(100) | YES  |     | NULL    |       |
| 密码  | varchar(20)  | YES  |     | NULL    |       |
| 住址  | varchar(100) | YES  |     | NULL    |       |
| 电话  | char(13)     | YES  |     | NULL    |       |
| 性别  | char(3)      | YES  |     | NULL    |       |
+-------+--------------+------+-----+---------+-------+
6 rows in set (0.00 sec)
```

图 2-3-2　增加字段放在数据表的最后一列

如果该字段必须在数据表的第一列,则在语句的最后加上“first”,即“alter table 买家表 add 性别 char(3) first;”,如图 2-3-3 所示,即可实现将该字段放在第一列。

```
mysql> alter table 买家表 add 性别 char(3) first;
Query OK, 0 rows affected (0.01 sec)
Records: 0  Duplicates: 0  Warnings: 0

mysql> desc 买家表;
+-------+--------------+------+-----+---------+-------+
| Field | Type         | Null | Key | Default | Extra |
+-------+--------------+------+-----+---------+-------+
| 性别  | char(3)      | YES  |     | NULL    |       |
| id    | int(11)      | YES  |     | NULL    |       |
| 姓名  | varchar(100) | YES  |     | NULL    |       |
| 密码  | varchar(20)  | YES  |     | NULL    |       |
| 住址  | varchar(100) | YES  |     | NULL    |       |
| 电话  | char(13)     | YES  |     | NULL    |       |
+-------+--------------+------+-----+---------+-------+
6 rows in set (0.00 sec)
```

图 2-3-3　增加字段放在数据表的第一列

如果该字段在密码字段的后面,则在语句最后加上 after 字段名,即“alter table 买家表 add 性别 char(3) after 密码;”,如图 2-3-4 所示。使用“desc 买家表;”这个语句可看到数据表的表结构,会发现新增字段已经出现在密码字段的后面。

```
mysql> alter table 买家表 add 性别 char(3) after 密码;
Query OK, 0 rows affected (0.01 sec)
Records: 0  Duplicates: 0  Warnings: 0

mysql> desc 买家表;
+-------+--------------+------+-----+---------+-------+
| Field | Type         | Null | Key | Default | Extra |
+-------+--------------+------+-----+---------+-------+
| id    | int(11)      | YES  |     | NULL    |       |
| 姓名  | varchar(100) | YES  |     | NULL    |       |
| 密码  | varchar(20)  | YES  |     | NULL    |       |
| 性别  | char(3)      | YES  |     | NULL    |       |
| 住址  | varchar(100) | YES  |     | NULL    |       |
| 电话  | char(13)     | YES  |     | NULL    |       |
+-------+--------------+------+-----+---------+-------+
6 rows in set (0.00 sec)
```

图 2-3-4　增加字段放在密码字段后面

2. 修改字段名

语法格式是"alter table 表名 change 原字段名新字段名新数据类型;"。比如,将买家表中住址字段名改为家庭住址,语句是"alter table 买家表 change 住址 家庭住址 varchar(100);",如图 2-3-5 所示。change 意为修改,后面跟上原字段名、新字段名,既然出现了新字段,新数据类型必须同时出现,数据类型可以和原来的数据类型不同。使用"desc 买家表;"查看数据表的表结构,即可看到字段名已修改。

```
mysql> alter table 买家表 change 住址 家庭住址 varchar(100);
Query OK, 0 rows affected (0.01 sec)
Records: 0  Duplicates: 0  Warnings: 0

mysql> desc 买家表;
+----------+--------------+------+-----+---------+-------+
| Field    | Type         | Null | Key | Default | Extra |
+----------+--------------+------+-----+---------+-------+
| id       | int(11)      | YES  |     | NULL    |       |
| 姓名     | varchar(100) | YES  |     | NULL    |       |
| 密码     | varchar(20)  | YES  |     | NULL    |       |
| 性别     | char(3)      | YES  |     | NULL    |       |
| 家庭住址 | varchar(100) | YES  |     | NULL    |       |
| 电话     | char(13)     | YES  |     | NULL    |       |
+----------+--------------+------+-----+---------+-------+
6 rows in set (0.00 sec)
```

图 2-3-5 修改字段名

3. 修改数据类型

如果建表后发现数据类型不合理,可以单独修改数据类型。语法格式是"alter table 表名 modify 字段名新数据类型;"。比如,将买家表中密码字段的数据类型由原来的 varchar(20)改为 varchar(30),语句为"alter table 买家表 modify 密码 varchar(30);",如图 2-3-6 所示。modify 意为修改,后面加上要修改字段的名字,字段名后直接跟上新数据类型。使用"desc 买家表;"即可看到数据类型已修改。

```
mysql> alter table 买家表 modify 密码 varchar(30);
Query OK, 0 rows affected (0.01 sec)
Records: 0  Duplicates: 0  Warnings: 0

mysql> desc 买家表;
+----------+--------------+------+-----+---------+-------+
| Field    | Type         | Null | Key | Default | Extra |
+----------+--------------+------+-----+---------+-------+
| id       | int(11)      | YES  |     | NULL    |       |
| 姓名     | varchar(100) | YES  |     | NULL    |       |
| 密码     | varchar(30)  | YES  |     | NULL    |       |
| 性别     | char(3)      | YES  |     | NULL    |       |
| 家庭住址 | varchar(100) | YES  |     | NULL    |       |
| 电话     | char(13)     | YES  |     | NULL    |       |
+----------+--------------+------+-----+---------+-------+
6 rows in set (0.01 sec)
```

图 2-3-6 修改数据类型

4. 删除字段

语法格式是“alter table 表名 drop 字段名;”。比如,将字段性别删除,语句是“alter table 买家表 drop 性别;”,如图 2-3-7 所示。drop 意为删除,后面跟上要删除的字段名即可。使用“desc 买家表;”即可看到性别字段已删除。

```
mysql> alter table 买家表 drop  性别 ;
Query OK, 0 rows affected (0.01 sec)
Records: 0  Duplicates: 0  Warnings: 0

mysql> desc 买家表;
+----------+--------------+------+-----+---------+-------+
| Field    | Type         | Null | Key | Default | Extra |
+----------+--------------+------+-----+---------+-------+
| id       | int(11)      | YES  |     | NULL    |       |
| 姓名     | varchar(100) | YES  |     | NULL    |       |
| 密码     | varchar(30)  | YES  |     | NULL    |       |
| 家庭住址 | varchar(100) | YES  |     | NULL    |       |
| 电话     | char(13)     | YES  |     | NULL    |       |
+----------+--------------+------+-----+---------+-------+
5 rows in set (0.00 sec)
```

图 2-3-7　删除性别字段

5. 修改表名

语法格式是“alter table 原表名 rename to 新表名;”。比如,将买家表的名字改成买家表 1,语句是“alter table 买家表 rename to 买家表 1;”,如图 2-3-8 所示。rename to 意为重命名。使用“show tables;”可以看到数据表名已经修改成功。

```
mysql> alter table 买家表 rename to 买家表1;
Query OK, 0 rows affected (0.01 sec)

mysql> show tables;
+------------------+
| Tables_in_淘淘网 |
+------------------+
| 买家表1          |
+------------------+
1 row in set (0.00 sec)
```

图 2-3-8　修改表名

6. 删除数据表

当一个数据表没有存在意义时,可以将其删除,语句是“drop table 表名;”,如图 2-3-9 所示。

```
mysql> drop table 买家表1;
Query OK, 0 rows affected (0.00 sec)

mysql> show tables;
Empty set (0.00 sec)
```

图 2-3-9　删除买家表

思考与总结

1. 修改数据表相当于买房后的重装修,比如增加一个房间就是增加一个字段,删除一个房间就是删除一个字段,修改卧室的面积是修改数据类型,把卧室改成书房是修改字段名字。

2. 增加一个字段有三种情况:放在数据表最前面、最后面和中间。

实训演练

1. 修改卖家表，新增加一个字段年龄，该字段出现在姓名字段后面。

```
mysql> desc 卖家表;
+--------+--------------+------+-----+---------+----------------+
| Field  | Type         | Null | Key | Default | Extra          |
+--------+--------------+------+-----+---------+----------------+
| id     | int(11)      | NO   | PRI | NULL    | auto_increment |
| 姓名   | varchar(100) | YES  |     | NULL    |                |
| 密码   | varchar(50)  | YES  |     | NULL    |                |
| 地址   | varchar(50)  | YES  |     | NULL    |                |
| 电话   | char(13)     | YES  |     | NULL    |                |
+--------+--------------+------+-----+---------+----------------+
5 rows in set (0.02 sec)
```

```
mysql> desc 卖家表;
+--------+--------------+------+-----+---------+----------------+
| Field  | Type         | Null | Key | Default | Extra          |
+--------+--------------+------+-----+---------+----------------+
| id     | int(11)      | NO   | PRI | NULL    | auto_increment |
| 姓名   | varchar(100) | YES  |     | NULL    |                |
| 年龄   | int(11)      | YES  |     | NULL    |                |
| 密码   | varchar(50)  | YES  |     | NULL    |                |
| 地址   | varchar(50)  | YES  |     | NULL    |                |
| 电话   | char(13)     | YES  |     | NULL    |                |
+--------+--------------+------+-----+---------+----------------+
6 rows in set (0.00 sec)
```

2. 修改卖家表，修改电话字段的数据类型为 char(20)。

```
mysql> desc 卖家表;
+--------+--------------+------+-----+---------+----------------+
| Field  | Type         | Null | Key | Default | Extra          |
+--------+--------------+------+-----+---------+----------------+
| id     | int(11)      | NO   | PRI | NULL    | auto_increment |
| 姓名   | varchar(100) | YES  |     | NULL    |                |
| 年龄   | int(11)      | YES  |     | NULL    |                |
| 密码   | varchar(50)  | YES  |     | NULL    |                |
| 地址   | varchar(50)  | YES  |     | NULL    |                |
| 电话   | char(20)     | YES  |     | NULL    |                |
+--------+--------------+------+-----+---------+----------------+
6 rows in set (0.00 sec)
```

给网站数据表添加主键约束、字段值自增和非空约束

给网站数据表添加唯一约束、默认值约束

第 4 节 给网站数据表添加约束

表约束共有 5 种：主键约束、非空约束、唯一约束、默认值约束和外键约束。

1. 主键约束

在 MySQL 中，为了快速查找表中的某条信息，可以通过设置主键来实现。主键约束是通过 primary key 定义的，它可以唯一标识表中的记录，这就像身份证可以用来标识人的身份一样。添加主键约束的语法格式是“字段名数据类型 primary key;”，通常将字段 id 设置成主键约束，id 将来录入的数据从 1 开始，依次加 1，若想 id 的值自动增长，只需在主键约束后面加上 auto_increment 即可实现。比如，创建买家表，将字段 id 设置成主键约束，自动增长，语句是“create table 买家表(id int primary key auto_increment，姓名 varchar(100)，密码 varchar(20)，住址 varchar(100)，电话 char(13));”，如图 2-4-1 所示，通过“desc 买家表;”可以看到 id 的信息，PRI 代表主键约束已经添加，auto_increment 说明可以实现自动增长。

```
mysql> create table 买家表(id int primary key auto_increment,姓名 varchar(100),密码 varchar(20),住址 varchar(100),电话 char(13));
Query OK, 0 rows affected (0.00 sec)

mysql> desc 买家表;
+------+--------------+------+-----+---------+----------------+
| Field| Type         | Null | Key | Default | Extra          |
+------+--------------+------+-----+---------+----------------+
| id   | int(11)      | NO   | PRI | NULL    | auto_increment |
| 姓名 | varchar(100) | YES  |     | NULL    |                |
| 密码 | varchar(20)  | YES  |     | NULL    |                |
| 住址 | varchar(100) | YES  |     | NULL    |                |
| 电话 | char(13)     | YES  |     | NULL    |                |
+------+--------------+------+-----+---------+----------------+
5 rows in set (0.01 sec)
```

图 2-4-1 添加主键约束

2. 非空约束

非空约束指的是字段的值不能为 null，在 MySQL 中，非空约束是通过 not null 定义的，其基本的语法格式为：

```
字段名数据类型 not null;
```

因此，买家表的建表语句加上主键约束和非空约束后，为“create table 买家表(id int primary key auto_increment，姓名 varchar(100)，密码 varchar(20)not null，住址 varchar(100)not null，电话 char(13)not null);”，如图 2-4-2 所示。执行成功后，使用“desc 买家表;”查看表结构。id 字段的第四个值为 PRI，说明主键约束已成功添加，密码、住址、电话 3 个字段的第三个值都为 NO，说明这 3 个字段的非空约束已成功添加。

```
mysql> create table 买家表(id int primary key auto_increment,姓名 varchar(100),密码 varchar(20) not null,住址 varchar(100) not null,电话 char(13) not null);
Query OK, 0 rows affected (0.01 sec)

mysql> desc 买家表;
+------+--------------+------+-----+---------+----------------+
| Field| Type         | Null | Key | Default | Extra          |
+------+--------------+------+-----+---------+----------------+
| id   | int(11)      | NO   | PRI | NULL    | auto_increment |
| 姓名 | varchar(100) | YES  |     | NULL    |                |
| 密码 | varchar(20)  | NO   |     | NULL    |                |
| 住址 | varchar(100) | NO   |     | NULL    |                |
| 电话 | char(13)     | NO   |     | NULL    |                |
+------+--------------+------+-----+---------+----------------+
5 rows in set (0.00 sec)
```

图 2-4-2 添加非空约束

3. 唯一约束

唯一约束用于保证数据表中字段的唯一性，即表中字段的值不能重复出现，语法格式是“字段名数据类型 unique;”。

为买家表姓名字段添加唯一约束,语句是“create table 买家表(id int primary key auto_increment,姓名 varchar(100)unique,密码 varchar(20)not null,住址 varchar(100)not null,电话 char(13)not null);”,如图 2-4-3 所示。关于约束的设置,买家表目前有 5 个字段,这 5 个字段相当于 5 条通道,将来每条通道都有数据通过,在没有添加约束时,就相当于 5 条通道没有设置检查员,导致 5 条通道是不安全的,合法和不合法的数据都可以通过;当添加约束后,等于给每个通道设置一个检查员,unique 检查员将来检查每个数据是否和之前通过的数据相同,如果相同就报错,该数据已存在,不允许相同的数据通过。所以,约束不是限制,而是对数据表的一种保护,保护数据表存放的都是合理合法的数据,错误的数据不能录入。

```
mysql> create table 买家表(id int primary key auto_increment,姓名 varchar(100) unique,密码 varchar(20) not null,住址 varchar(100) not null,电话 char(13) not
null);
Query OK, 0 rows affected (0.01 sec)

mysql> desc 买家表;
+--------+--------------+------+-----+---------+----------------+
| Field  | Type         | Null | Key | Default | Extra          |
+--------+--------------+------+-----+---------+----------------+
| id     | int(11)      | NO   | PRI | NULL    | auto_increment |
| 姓名   | varchar(100) | YES  | UNI | NULL    |                |
| 密码   | varchar(20)  | NO   |     | NULL    |                |
| 住址   | varchar(100) | NO   |     | NULL    |                |
| 电话   | char(13)     | NO   |     | NULL    |                |
+--------+--------------+------+-----+---------+----------------+
5 rows in set (0.00 sec)
```

图 2-4-3　添加唯一约束

4. 默认值约束

默认值约束用于给数据表中的字段指定默认值,即当在表中插入一条新记录时,如果没有给这个字段赋值,那么,数据库系统会自动为这个字段插入默认值。默认值是通过 default 关键字定义的,语法格式是“字段名数据类型 default 默认值;”。当默认值是数值型数据时,比如是整型数据或者浮点型数据,直接设置即可,如果默认值是字符型数据或者日期型数据,默认值需要用英文单引号引起来。比如,买家表国籍这个字段的默认值是中国,由于中国是字符型数据,所以需要用单引号将中国引起来。

买家表添加 4 种表约束的完整语句是“create table 买家表(id int primary key auto_increment,姓名 varchar(100)unique,密码 varchar(20)not null,住址 varchar(100)not null,电话 char(13)not null,国籍 char(7)default '中国');”,如图 2-4-4 所示。查看买家表的表结构,看到字段名国籍第五个值为中国,说明默认值约束已经添加成功。

```
mysql> create table 买家表2(id int primary key auto_increment,姓名 varchar(100) unique,密码 varchar(20) not null,住址 varchar(100) not null,电话 char(13) not
 null,国籍 char(7) default '中国');
Query OK, 0 rows affected (0.01 sec)

mysql> desc 买家表2;
+--------+--------------+------+-----+---------+----------------+
| Field  | Type         | Null | Key | Default | Extra          |
+--------+--------------+------+-----+---------+----------------+
| id     | int(11)      | NO   | PRI | NULL    | auto_increment |
| 姓名   | varchar(100) | YES  | UNI | NULL    |                |
| 密码   | varchar(20)  | NO   |     | NULL    |                |
| 住址   | varchar(100) | NO   |     | NULL    |                |
| 电话   | char(13)     | NO   |     | NULL    |                |
| 国籍   | char(7)      | YES  |     | 中国    |                |
+--------+--------------+------+-----+---------+----------------+
6 rows in set (0.00 sec)
```

图 2-4-4　添加默认值约束

思考与总结

1. 约束不是限制,而是保护,保护数据表不会输入错误数据。

2. 添加约束时,按实际情况添加,如果没有,可以省略。比如,网站的买家表的姓名需要设置唯一约束,名字不能相同;学校或者公司的员工姓名可以相同,所以不能添加唯一约束。

第 5 节　索　引

在数据库操作中,经常需要查找特定的数据,例如,当执行“select * from student where id=4000”语句时,MySQL 数据库必须从第 1 条记录开始遍历,直到找到 id 为 4000 的数据,这样的效率显然非常低。为此,MySQL 允许建立索引来加快数据表的查询和排序。接下来,本节将针对数据库的索引进行详细讲解。

2.5.1　索引的概念和特点

数据库的索引好比新华字典的音序表,它是对数据库表中一列或多列的值进行排序后的一种结构,其作用是提高表中数据的查询速度。索引是一种单独的、存储在磁盘上的数据库结构,包含对数据表中所有记录的引用指针。使用它可以快速找出在某个或多个列中有一特定值的行。MySQL 中的所有列都可以被索引,对相关列使用索引是提高数据查询速度的最佳途径。

目前大部分 MySQL 索引都以 B-树(BTREE)的方式存储。B-树方式构建为包含了多个节点的一棵树,顶部的节点构成了索引的开始点,叫作根;每个节点中含有索引列的几个值,节点中的每个值又都指向另一个节点或者指向表中的一行。这样,表中的每一行都会在索引中有一个对应值,查询的时候根据索引值就可以直接找到所在的行。

索引中的节点是存储在文件中的,所以,索引也是要占用物理空间的,MySQL 将一个表的索引都保存在同一个索引文件中。如果更新表中的一个值或者向表中添加或删除一行,MySQL 会自动地更新索引,因此,索引树总是和表的内容保持一致。

2.5.2　索引的分类

MySQL 的主要索引类型如下。

1. 普通索引(INDEX)

这是最基本的索引类型,它没有唯一性之类的限制。创建普通索引的关键字是 INDEX。

2. 唯一性索引

唯一性索引是由 UNIQUE 定义的索引,该索引所在字段的值必须是唯一的。例如,在买家表的 id 字段上建立唯一性索引,那么,id 字段的值就必须是唯一的。

3. 全文索引

全文索引是由 FULLTEXT 定义的索引,它只能创建在 CHAR、VARCHAR、TEXT 类型的字段上,而且,现在只有 MyISAM 存储引擎支持全文索引。

4. 单列索引

单列索引指的是在表中单个字段上创建索引,它可以是普通索引、唯一性索引或者全文索引,只要保证该索引只对应表中一个字段即可。

5. 多列索引

多列索引指的是在表中多个字段上创建索引,只有在查询条件中使用了这些字段中的第一个字段时,该索引才会被使用。例如,在买家表的 id、姓名上创建一个多列索引,那么,只有查询条件中使用了 id 字段时,该索引才会被使用。

6. 空间索引

空间索引是由 SPATIAL 定义的索引,它只能创建在空间数据类型的字段上。MySQL 中的空间数据类型有 4 种,分别是 GEOMETRY、POINT、LINESTRING 和 POLYGON。需要注意的是,必须将创建空间索引的字段声明为 NOT NULL,并且空间索引只能在存储引擎为 MyISAM 的表中创建。

需要注意的是,虽然索引可以提高数据的查询速度,但索引会占用一定的磁盘空间,并且在创建和维护索引时,其消耗的时间是随着数据量的增加而增加的。因此,使用索引时,应该综合考虑索引的优点和缺点。

通过索引查询数据,可以提高查询速度。用户查询数据时,系统不必遍历数据表中的所有记录,而是查询索引列。索引类似于书籍的目录,当查找书中具体内容时,可通过目录定位到某章节的具体知识点。这样就在查找内容过程中节约大量时间,有效地提高了查找速度。

以下情况适合创建索引:

(1)被查询的字段经常在 WHERE 子句中出现。

(2)经常在 GROUPBY 子句中出现的字段。

(3)存在依赖关系的子表和父表之间的联合查询,即主键和外键字段。

(4)设置唯一完整性约束的字段。

在使用索引时,并非用户所有的查询都需要使用索引来提高查询速度。创建索引和维护需要耗费时间,并且耗费时间与数据量的大小成正比,另外,索引需要占用物理空间,给数据的维护造成很多麻烦。

以下情况不适合创建索引:

(1)在查询中很少被使用的字段。

(2)拥有许多重复值的字段。

2.5.3 创建索引

要想使用索引提高数据表的访问速度,首先要创建一个索引。创建索引的方式有三种,具体如下。

1. 创建表的时候创建索引

创建表的时候可以直接创建索引,这种方式最简单、方便,其基本的语法格式为:

```
CREATE TABLE 表名(字段名 数据类型[完整性约束条件],
                 字段名 数据类型[完整性约束条件],
                 字段名 数据类型
                 [UNIQUE |FULLTEXT |SPATIAL] INDEX |KEY
                 [别名](字段名 1 [(长度)])[ASC |DESC]);
```

UNIQUE:可选参数,表示唯一索引。

FULLTEXT:可选参数,表示全文索引。

SPATIAL:可选参数,表示空间索引。

INDEX 和 KEY:用来表示字段的索引,二者选一即可。

ASC 和 DESC:可选参数,ASC 表示升序排列,DESC 表示降序排列。

别名:可选参数,表示创建的索引的名称。

字段名 1:指定索引对应字段的名称。

长度:可选参数,用于表示索引的长度。

下面举例来说明一下创建索引的方法。

1)创建普通索引

```
CREATE TABLE t1(id INT,
   name VARCHAR(20),
score FLOAT,
INDEX(id));
```

此处 id 属性列作为表 t1 的普通索引。

#查看表的结构:

```
SHOW CREATE TABLE t1 \G
```

执行结果如图 2-5-1 所示。

```
mysql> SHOW CREATE TABLE t1\G
*************************** 1. row ***************************
       Table: t1
Create Table: CREATE TABLE `t1` (
  `id` int(11) DEFAULT NULL,
  `name` varchar(20) DEFAULT NULL,
  `score` float DEFAULT NULL,
  KEY `id` (`id`)
) ENGINE=MyISAM DEFAULT CHARSET=gbk
1 row in set (0.00 sec)
```

图 2-5-1　表 t1 的表结构

#使用 EXPLAIN 语句进行查看:

```
EXPLAIN SELECT * FROM t1 WHERE id=1 \G
```

执行结果如图 2-5-2 所示。

从上述执行结果可以看出,possible_keys 和 key 的值为 id,说明 id 索引已经存在并且开始被使用了。

```
mysql> explain select * from t1 where id=1\G
*************************** 1. row ***************************
           id: 1
  select_type: SIMPLE
        table: t1
         type: ref
possible_keys: id
          key: id
      key_len: 5
          ref: const
         rows: 1
        Extra: Using where
1 row in set (0.00 sec)
```

图 2-5-2　表 t1 的索引已存在

2)创建唯一性索引

【例】创建一个表名为 t2 的表,在表中的 id 字段上建立索引名为 unique_id 的唯一性索引,并且按照升序排列,SQL 语句如下:

```
CREATE TABLE t2(id INT NOT NULL,
name VARCHAR(20)NOT NULL,
score FLOAT,
UNIQUE INDEX unique_id(id ASC));
```

#查看表的结构:

```
SHOW CREATE TABLE t2 \G
```

执行结果如图 2-5-3 所示。

```
mysql> show create table t2\G
*************************** 1. row ***************************
       Table: t2
Create Table: CREATE TABLE `t2` (
  `id` int(11) NOT NULL,
  `name` varchar(20) NOT NULL,
  `score` float DEFAULT NULL,
  UNIQUE KEY `unique_id` (`id`)
) ENGINE=MyISAM DEFAULT CHARSET=gbk
1 row in set (0.00 sec)
```

图 2-5-3　数据表 t2 的表结构

从上述执行结果可以看出,id 字段上已经建立了一个名称为 unique_id 的唯一索引。

3)创建全文索引

【例】创建一个表名为 t3 的表,在表中的 name 字段上建立索引名为 fulltext_name 的全文索引,SQL 语句如下:

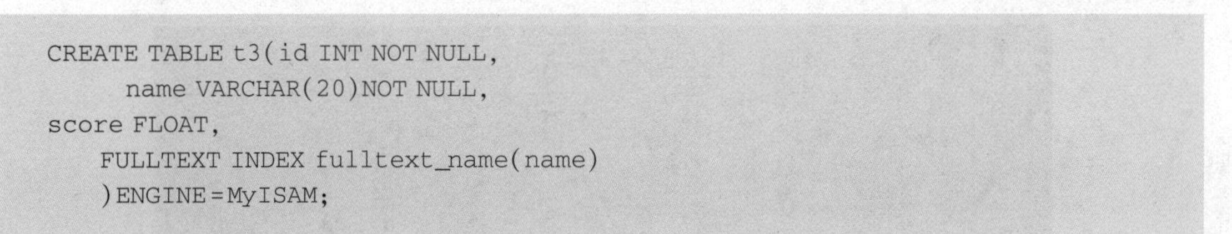

```
CREATE TABLE t3(id INT NOT NULL,
     name VARCHAR(20)NOT NULL,
score FLOAT,
   FULLTEXT INDEX fulltext_name(name)
   )ENGINE=MyISAM;
```

#查看表的结构：

```
SHOW CREATE TABLE t3 \G
```

执行结果如图 2-5-4 所示。

```
mysql> show create table t3\G
*************************** 1. row ***************************
       Table: t3
Create Table: CREATE TABLE `t3` (
  `id` int(11) NOT NULL,
  `name` varchar(20) NOT NULL,
  `score` float DEFAULT NULL,
  FULLTEXT KEY `fulltext_name` (`name`)
) ENGINE=MyISAM DEFAULT CHARSET=gbk
1 row in set (0.00 sec)
```

图 2-5-4　数据表 t3 的表结构

从上述执行结果可以看出，name 字段上已经建立了一个名称为 fulltext_name 的全文索引。注意，目前只有 MyISAM 存储引擎支持全文索引，InnoDB 存储引擎还不支持全文索引，因此，在建立全文索引时，一定要注意表存储引擎的类型，对于经常需要索引的字符串、文字数据等信息，可以考虑存储到 MyISAM 存储引擎的表中。

4）创建单列索引

【例】创建一个表名为 t4 的表，在表中的 name 字段上建立索引名为 single_name 的单列索引，SQL 语句如下：

```
CREATE TABLE t4id INT NOT NULL,
name VARCHAR(20)NOT NULL,
score FLOAT,
INDEX single_name(name(20));
```

#查看表的结构：

```
SHOW CREATE TABLE t4 \G
```

执行结果如图 2-5-5 所示。

从上述执行结果可以看出，name 字段上已经建立了一个名称为 single_name 的全文索引。

```
mysql> show create table t4\G
*************************** 1. row ***************************
       Table: t4
Create Table: CREATE TABLE `t4` (
  `id` int(11) NOT NULL,
  `name` varchar(20) NOT NULL,
  `score` float DEFAULT NULL,
  KEY `single_name` (`name`)
) ENGINE=MyISAM DEFAULT CHARSET=gbk
1 row in set (0.00 sec)
```

图 2-5-5 数据表 t4 的表结构

5)创建多列索引

【例】创建一个表名为 t5 的表,在表中的 id 和 name 字段上建立索引名为 multi 的多列索引,SQL 语句如下:

```
CREATE TABLE t5(id INT NOT NULL,
name VARCHAR(20)NOT NULL,
score FLOAT,
INDEX multi(id,name(20))
);
```

#查看表的结构:

```
SHOW CREATE TABLE t5 \G
```

执行结果如图 2-5-6 所示。

```
mysql> show create table t5\G
*************************** 1. row ***************************
       Table: t5
Create Table: CREATE TABLE `t5` (
  `id` int(11) NOT NULL,
  `name` varchar(20) NOT NULL,
  `score` float DEFAULT NULL,
  KEY `multi` (`id`,`name`)
) ENGINE=MyISAM DEFAULT CHARSET=gbk
1 row in set (0.00 sec)
```

图 2-5-6 数据表 t5 的表结构

从上述执行结果可以看出,id 和 name 字段上已经建立了一个名称为 multi 的多列索引。需要注意,在多列索引中,只有当查询条件中使用了这些字段中的第一个字段时,多列索引才会被使用。将 id 作为查询条件,通过 EXPLAIN 语句查询索引的使用情况,SQL 执行结果如图 2-5-7 所示。

```
mysql> explain select * from t5 where id=1\G
*************************** 1. row ***************************
           id: 1
  select_type: SIMPLE
        table: t5
         type: ref
possible_keys: multi
          key: multi
      key_len: 4
          ref: const
         rows: 1
        Extra:
1 row in set (0.00 sec)
```

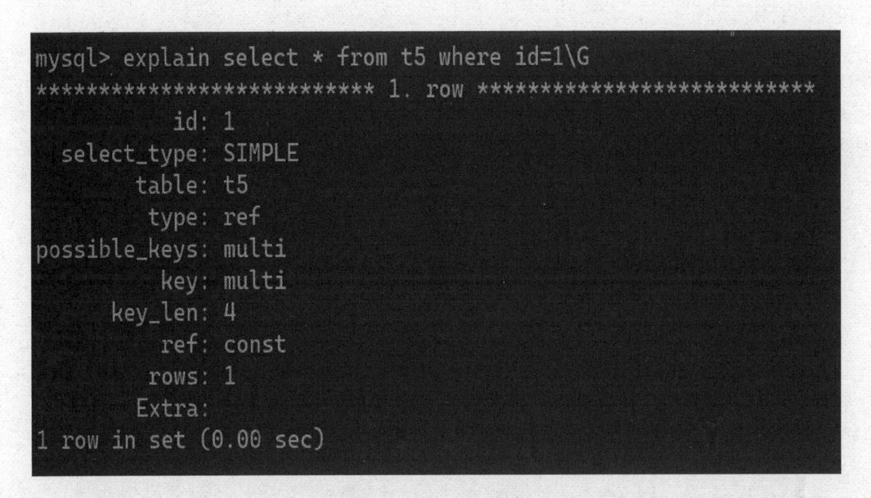

图 2-5-7　数据表 t5 的索引情况

从上述执行结果可以看出，possible_keys 和 key 的值都为 multi，说明 multi 索引已经存在，并且开始被使用了，但是，如果只使用 name 字段作为查询条件，SQL 的执行结果如图 2-5-8 所示。

```
mysql> explain select * from t5 where name='王一'\G
*************************** 1. row ***************************
           id: 1
  select_type: SIMPLE
        table: t5
         type: ALL
possible_keys: NULL
          key: NULL
      key_len: NULL
          ref: NULL
         rows: 2
        Extra: Using where
1 row in set (0.00 sec)
```

图 2-5-8　数据表 t5 的索引情况

从上述执行结果来看，possible_keys 和 key 的值都为 null，说明 multi 索引还没有被使用。

6）创建空间索引

【例】创建一个表名为 t6 的表，在空间类型为 GEOMETRY 的字段上创建空间索引，SQL 语句如下：

```
CREATE TABLE t6(id INT,
space GEOMETRY NOT NULL,
SPATIAL INDEX sp(space)
)ENGINE=MyISAM;
```

#查看表的结构:

```
SHOW CREATE TABLE t6 \G
```

执行结果如图 2-5-9 所示。

```
mysql> SHOW CREATE TABLE t6\G
*************************** 1. row ***************************
       Table: t6
Create Table: CREATE TABLE `t6` (
  `id` int(11) DEFAULT NULL,
  `space` geometry NOT NULL,
  SPATIAL KEY `sp` (`space`)
) ENGINE=MyISAM DEFAULT CHARSET=gbk
1 row in set (0.00 sec)
```

图 2-5-9　数据表 t6 的表结构

从上述执行结果可以看出,t6 表中的 space 字段上已经建立了一个名称为 sp 的空间索引。需要注意的是,创建空间索引时,所在字段的值不能为空值,并且表的存储引擎为 MyISAM。

2. 使用 CREATE INDEX 语句在已经存在的表上创建索引

若想在一个已经存在的表上创建索引,可以使用 CREATE INDEX 语句。CREATE INDEX 语句创建索引的具体语法格式为:

```
CREATE [UNIQUE |FULLTEXT |SPATIAL] INDEX 索引名
ON 表名(字段名 [(长度)] [ASC |DESC]);
```

在上述语法格式中,UNIQUE、FULLTEXT、SPATIAL 都是可选参数,分别用于表示唯一性索引、全文索引和空间索引;INDEX 用于指明字段为索引。

为了便于大家学习如何使用 CREATE INDEX 语句在已经存在的表上创建索引,接下来创建一个 book 表,该表中没有建立任何索引,创建 book 表的 SQL 语句为:

```
CREATE TABLE book(
                  Bookid INT NOT NULL,
                  Bookname VARCHAR(255)NOT NULL,
                  Authors VARCHAR(255)NOT NULL,
                  Info VARCHAR(255)NULL,
                  Comment VARCHAR(255)NULL,
                  Publicyear YEAR NOT NULL);
```

创建好数据表 book 后,下面通过具体的案例为读者演示如何使用 CREATE INDEX 语句在已存在的数据表中创建索引,具体如下。

1)创建普通索引

```
CREATE INDEX index_id ON book(bookid);
```

#查看表的结构：

```
SHOW CREATE TABLE book \G
```

执行结果如图 2-5-10 所示。

```
mysql> SHOW CREATE TABLE book\G
*************************** 1. row ***************************
       Table: book
Create Table: CREATE TABLE `book` (
  `bookid` int(11) NOT NULL,
  `bookname` varchar(255) NOT NULL,
  `authors` varchar(255) NOT NULL,
  `info` varchar(255) NOT NULL,
  `comment` varchar(255) NOT NULL,
  `publicyear` year(4) NOT NULL,
  KEY `index_id` (`bookid`)
) ENGINE=MyISAM DEFAULT CHARSET=gbk
1 row in set (0.00 sec)
```

图 2-5-10　数据表 book 的表结构(1)

2)创建唯一索引

【例】

```
CREATE UNIQUE INDEX uniqueidx ON book(bookid);
```

#查看表结构：

```
SHOW CREATE TABLE  book \G
```

执行结果如图 2-5-11 所示。

```
mysql> SHOW CREATE TABLE book\G
*************************** 1. row ***************************
       Table: book
Create Table: CREATE TABLE `book` (
  `bookname` varchar(255) NOT NULL,
  `authors` varchar(255) NOT NULL,
  `info` varchar(255) NOT NULL,
  `comment` varchar(255) NOT NULL,
  `publicyear` year(4) NOT NULL,
  `bookid` int(11) NOT NULL,
  UNIQUE KEY `uniuquedx` (`bookid`)
) ENGINE=MyISAM DEFAULT CHARSET=gbk
1 row in set (0.00 sec)
```

图 2-5-11　数据表 book 的表结构(2)

3)创建单列索引

【例】

```
CREATE INDEX singleidx ON book(comment);
```

#查看表结构:

```
SHOW CREATE TABLE  book \G
```

执行结果如图 2-5-12 所示。

```
mysql> SHOW CREATE TABLE book\G
*************************** 1. row ***************************
       Table: book
Create Table: CREATE TABLE `book` (
  `bookname` varchar(255) NOT NULL,
  `authors` varchar(255) NOT NULL,
  `info` varchar(255) NOT NULL,
  `comment` varchar(255) NOT NULL,
  `publicyear` year(4) NOT NULL,
  `bookid` int(11) NOT NULL,
  UNIQUE KEY `uniuquedx` (`bookid`),
  KEY `singleidx` (`comment`),
  KEY `index_id` (`bookid`)
) ENGINE=MyISAM DEFAULT CHARSET=gbk
1 row in set (0.00 sec)
```

图 2-5-12　数据表 book 的表结构(3)

4)创建多列索引

【例】

```
CREATE INDEX mulitidx ON book(authors(20),info(20));
```

查看表结构:

```
SHOW CREATE TABLE  book \G
```

执行结果如图 2-5-13 所示。

```
mysql> SHOW CREATE TABLE book\G
*************************** 1. row ***************************
       Table: book
Create Table: CREATE TABLE `book` (
  `bookname` varchar(255) NOT NULL,
  `authors` varchar(255) NOT NULL,
  `info` varchar(255) NOT NULL,
  `comment` varchar(255) NOT NULL,
  `publicyear` year(4) NOT NULL,
  `bookid` int(11) NOT NULL,
  UNIQUE KEY `uniuquedx` (`bookid`),
  KEY `singleidx` (`comment`),
  KEY `index_id` (`bookid`),
  KEY `mulitidx` (`authors`(20),`info`(20))
) ENGINE=MyISAM DEFAULT CHARSET=gbk
1 row in set (0.00 sec)
```

图 2-5-13　数据表 book 的表结构(4)

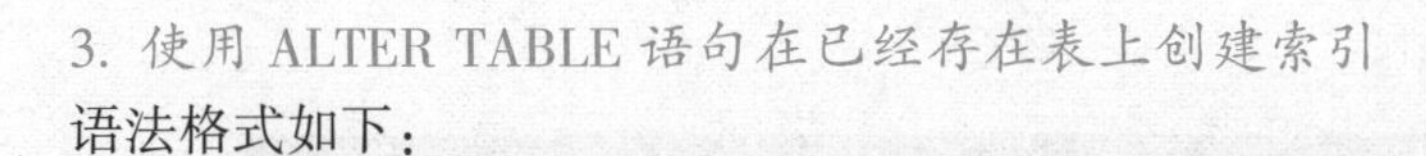

3. 使用 ALTER TABLE 语句在已经存在表上创建索引

语法格式如下：

```
ALTER TABLE 表名 ADD [UNIQUE |FULLTEXT |SPATIAL] INDEX
索引名(字段名 [(长度)] [ASC |DESC]);
```

(1)先创建数据表 book，然后对数据表添加普通索引 index_id。

```
CREATE TABLE book(
                bookid  INT NOT NULL,
                bookname VARCHAR(255)NOT NULL,
                authors VARCHAR(255)NOT NULL,
                info VARCHAR(255)NULL,
                comment VARCHAR(255)NULL,
                publicyear YEAR NOT NULL)
                ENGINE=MyISAM;
ALTER TABLE book ADD INDEX index_id(bookid);
```

#查看表的结构：

```
SHOW CREATE TABLE  book \G
```

执行结果如图 2-5-14 所示。

```
mysql> show create table book\G
*************************** 1. row ***************************
       Table: book
Create Table: CREATE TABLE `book` (
  `bookname` varchar(255) NOT NULL,
  `authors` varchar(255) NOT NULL,
  `info` varchar(255) NOT NULL,
  `comment` varchar(255) NOT NULL,
  `publicyear` year(4) NOT NULL,
  `bookid` int(11) NOT NULL,
  UNIQUE KEY `uniuquedx` (`bookid`),
  KEY `index_id` (`bookid`)
) ENGINE=MyISAM DEFAULT CHARSET=gbk
1 row in set (0.00 sec)
```

图 2-5-14　数据表 book 的表结构(5)

(2)在数据表 book 上添加唯一索引 uniqueidx。

```
ALTER TABLE book ADD UNIQUE uniqueidx(bookid);
```

#查看表的结构：

```
SHOW CREATE TABLE  book \G
```

执行结果如图 2-5-15 所示。

```
mysql> show create table book\G
*************************** 1. row ***************************
       Table: book
Create Table: CREATE TABLE `book` (
  `bookname` varchar(255) NOT NULL,
  `authors` varchar(255) NOT NULL,
  `info` varchar(255) NOT NULL,
  `comment` varchar(255) NOT NULL,
  `publicyear` year(4) NOT NULL,
  `bookid` int(11) NOT NULL,
  UNIQUE KEY `uniquedx` (`bookid`)
) ENGINE=MyISAM DEFAULT CHARSET=gbk
1 row in set (0.00 sec)
```

图 2-5-15　数据表 book 的表结构(6)

(3)在数据表 book 上添加单列索引 singleidx。

```
ALTER TABLE book ADD INDEX singleidx(comment(50));
```

#查看表的结构:

```
SHOW CREATE TABLE  book \G
```

执行结果如图 2-5-16 所示。

```
mysql> show create table book\G
*************************** 1. row ***************************
       Table: book
Create Table: CREATE TABLE `book` (
  `bookname` varchar(255) NOT NULL,
  `authors` varchar(255) NOT NULL,
  `info` varchar(255) NOT NULL,
  `comment` varchar(255) NOT NULL,
  `publicyear` year(4) NOT NULL,
  `bookid` int(11) NOT NULL,
  UNIQUE KEY `uniquedx` (`bookid`),
  KEY `singleidx` (`comment`)
) ENGINE=MyISAM DEFAULT CHARSET=gbk
1 row in set (0.00 sec)
```

图 2-5-16　数据表 book 的表结构(7)

(4)在数据表 book 上添加单列索引 multidx。

```
ALTER TABLE book ADD INDEX multidx(authors(20),info(50));
```

#查看表的结构:

```
SHOW CREATE TABLE  book \G
```

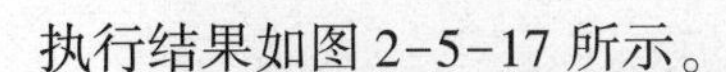

执行结果如图 2-5-17 所示。

```
mysql> show create table book\G
*************************** 1. row ***************************
       Table: book
Create Table: CREATE TABLE `book` (
  `bookname` varchar(255) NOT NULL,
  `authors` varchar(255) NOT NULL,
  `info` varchar(255) NOT NULL,
  `comment` varchar(255) NOT NULL,
  `publicyear` year(4) NOT NULL,
  `bookid` int(11) NOT NULL,
  UNIQUE KEY `uniquedx` (`bookid`),
  KEY `singleidx` (`comment`),
  KEY `multidx` (`authors`(20),`info`(50))
) ENGINE=MyISAM DEFAULT CHARSET=gbk
1 row in set (0.00 sec)
```

图 2-5-17　数据表 book 的表结构(8)

本章小结

本章学习了数据库的增、删、改、查,以及数据表的增、删、改、查。数据表的创建是重点,需要事先设计好数据表有几个字段,每个字段的数据类型的选择非常关键,要确定好是否添加表约束,如果给字段选择的数据类型不合理,则会导致后续的数据录入出现问题。给字段添加约束可以最大限度地保护数据表的安全,使错误的数据录入不进去。

拓展作业

1. 创建数据库淘淘网。打开该数据库,创建买家表,id 主键约束,自动增长,其他字段非空约束。

```
mysql> select * from 买家表;
+----+------+--------+--------------------------+-------------+
| id | 姓名 | 密码   | 地址                     | 电话        |
+----+------+--------+--------------------------+-------------+
|  1 | 菊子 | gh123  | 大连市甘井子区福居小区   | 12304191278 |
|  2 | 竹子 | gxp456 | 辽阳市白塔区望京花园     | 12304199098 |
+----+------+--------+--------------------------+-------------+
```

2. 创建卖家表,id 主键约束,自动增长,其他字段非空约束。

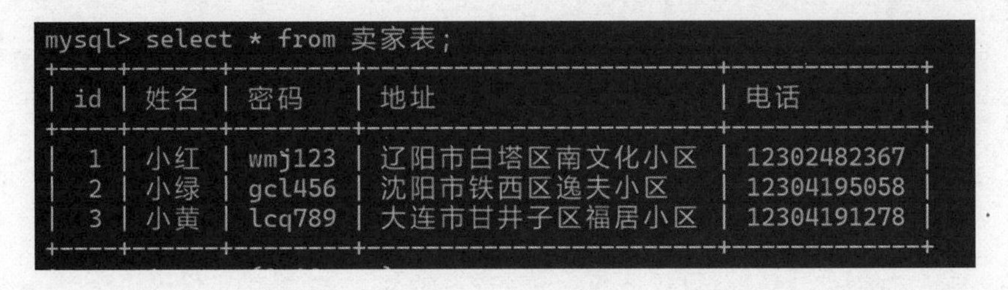

mysql> select * from 卖家表;

id	姓名	密码	地址	电话
1	小红	wmj123	辽阳市白塔区南文化小区	12302482367
2	小绿	gcl456	沈阳市铁西区逸夫小区	12304195058
3	小黄	lcq789	大连市甘井子区福居小区	12304191278

3. 创建订单表,id 主键约束,自动增长,其他字段非空约束。

```
mysql> select * from 订单表;
```

id	商品主键	单价	数量	总价	买家主键
1	3	15	2	30	1
2	2	20	1	20	1
3	1	10	4	40	2
4	4	13	2	26	2
5	2	20	3	60	2

5 rows in set (0.00 sec)

4. 创建商品表,id 主键约束,自动增长,其他字段非空约束。

```
mysql> select * from 商品表;
```

id	名称	价格	库存	卖家主键
1	糖果a	10	1000	1
2	糖果b	20	500	1
3	饮料c	15	200	2
4	饮料d	13	100	3
5	饮料	13	200	1
6	小饮料	10	280	2
7	果汁饮	8	120	3

7 rows in set (0.00 sec)

5. 创建购物车表,id 主键约束,自动增长,其他字段非空约束。

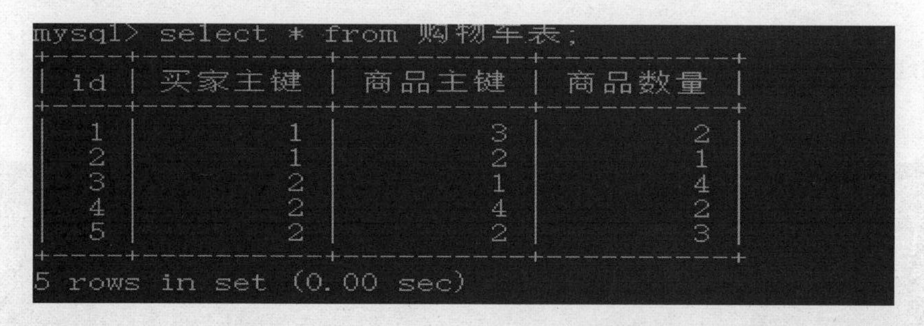

```
mysql> select * from 购物车表;
```

id	买家主键	商品主键	商品数量
1	1	3	2
2	1	2	1
3	2	1	4
4	2	4	2
5	2	2	3

5 rows in set (0.00 sec)

考核点:数据表的创建,字段名称、数据类型和表约束的声明,表约束的添加是重点。将表创建出来即可,不需要添加数据。

难度:难。

第3章 电子商务网站数据的录入

知识目标

网站数据表中数据的添加

1. 学会对数据表中的所有字段进行赋值。
2. 学会对数据表中的指定字段进行赋值。
3. 学会一次性插入多条记录。
4. 能更新数据。
5. 能删除某一条数据。

素养目标

通过本章的学习,能够掌握数据的三种录入方法,同时培养严谨、认真的工作作风,使每个数据都精准无误。

第1节 网站数据表中数据的添加

在添加数据时,必须精准无误,如果数据录入错误,可能会引起用户对商务网站的不满或不信任,从而造成信任危机。细节最能决定成败,千里之堤很有可能毁于蚁穴,老子有句名言:“天下大事必作于细,天下难事必作于易。”于细微处最能见功夫。所以,作为一名数据库技术人员,精准无误地把每个细节做到最完美,是必须遵守的原则。

1. 给所有字段赋值

以买家表为例,买家表里存放了每个买家的5项信息,也即5个值,分别是买家的编号、买家的姓名、密码、住址和电话。买家在注册时,只需输入4个值,第一个值是MySQL自动给每个买家设置的编号,从1开始,自动增长。也即一条买家记录有5个值,对应买家表中的5个字段。向数据表中添加一条数据即一条买家的信息。

语句是:

```
insert into 表名(字段名1,字段名2…)  values(值1,值2…);
```

比如,将第一条买家信息(菊子,gh123,大连市甘井子区福居小区,12304191278),添加到买家表,语句为“insert into 买家表(id,姓名,密码,住址,电话)values(null,'菊子','gh123','大连市甘井子区福居小区','12304191278');”,如图3-1-1所示。

```
mysql> insert into 买家表(id,姓名,密码,地址,电话) values(null,'菊子','gh1
23','大连市甘井子区福居小区','12304191278');
Query OK, 1 row affected (0.00 sec)

mysql> select * from 买家表;
+----+------+-------+----------------------+-------------+
| id | 姓名 | 密码  | 地址                 | 电话        |
+----+------+-------+----------------------+-------------+
|  1 | 菊子 | gh123 | 大连市甘井子区福居小区 | 12304191278 |
+----+------+-------+----------------------+-------------+
1 row in set (0.00 sec)
```

图 3-1-1　给所有字段赋值

买家表后面括号内是字段声明,此处必须列出所有字段的名称,5 个字段之间用英文状态下的逗号隔开。values 后面括号内是 5 个值,每个值和字段名称必须一一对应。id 的值是自动增长的,无须赋值,id 的值会自动从 1 开始,依次加 1,这是通过建表时声明 id 是主键约束并且自动增长来实现的。后面的 4 个值都是字符型数据,所以必须加上单引号引起来。

给所有字段赋值,表名后面的字段声明可以省略,但后面的值必须与字段的数量保持一致,并且一一对应,语句简化为"insert into 买家表 values(null,' 菊子' ,' gh123' ,' 大连市甘井子区福居小区' ,' 12304191278');",这是添加数据的第一种方法。执行成功后,使用语句"select * from 买家表;",可以看到第一条记录已经成功添加,如图 3-1-2 所示。

```
mysql> insert into 买家表 values(null,'菊子','gh123','大连市甘井子区福居
小区','12304191278');
Query OK, 1 row affected (0.00 sec)

mysql> select * from 买家表;
+----+------+-------+----------------------+-------------+
| id | 姓名 | 密码  | 地址                 | 电话        |
+----+------+-------+----------------------+-------------+
|  1 | 菊子 | gh123 | 大连市甘井子区福居小区 | 12304191278 |
+----+------+-------+----------------------+-------------+
1 row in set (0.00 sec)
```

图 3-1-2　添加一条记录

2. 给指定字段赋值

在买家表中添加第一条记录,可以看到 id 是不需要赋值的,MySQL 会自动赋值,所以只需要对后 4 个字段赋值即可。

对指定的字段赋值的语句是"insert into 买家表(指定字段名)values(对应的字段值);",将第二条记录(竹子,gxp456,辽阳市白塔区望京小区,12304199098)添加到买家表的语句是"insert into 买家表(姓名,密码,地址,电话)values(' 竹子' ,' gxp456' ,' 辽阳市白塔区望京花园' ,' 12304199098');",如图 3-1-3 所示。需要注意的是,对指定字段赋值,值要一一对应字段,字段数和值的数目必须保持一致。

```
mysql> insert into 买家表(姓名,密码,地址,电话) values('竹子','gxp456','辽
阳市白塔区望京花园','12304199098');
Query OK, 1 row affected (0.00 sec)

mysql> select * from 买家表;
+----+------+--------+----------------------+-------------+
| id | 姓名 | 密码   | 地址                 | 电话        |
+----+------+--------+----------------------+-------------+
|  1 | 菊子 | gh123  | 大连市甘井子区福居小区 | 12304191278 |
|  2 | 竹子 | gxp456 | 辽阳市白塔区望京花园   | 12304199098 |
+----+------+--------+----------------------+-------------+
2 rows in set (0.00 sec)
```

图 3-1-3　给指定字段赋值

3. 一次性添加多条记录

添加数据的第三种方法是一次性添加多条记录,语句是"insert into 表名 values(第一条记录),(第二条记录),(第三条记录),…"。

同时添加几条记录时,每条记录之间用英文逗号隔开。比如,将 3 条记录同时插入买家表,语句是"insert into 买家表 values(null,'小明','gcl1234','沈阳市铁西区','12341942356'),(null,'小花','bl467','盘锦市大洼乡','12304192367'),(null,'小红','hu123','丹东市振兴区','12304511289');",如图 3-1-4 所示。通过语句"select * from 买家表;",可以看到 3 条记录已经成功录入。

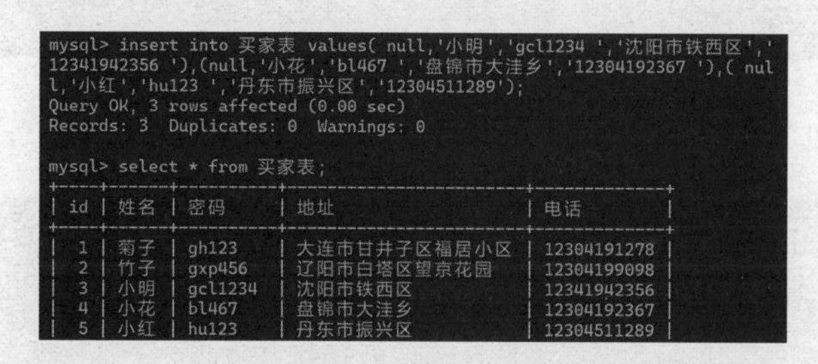

```
mysql> insert into 买家表 values( null,'小明','gcl1234 ','沈阳市铁西区','
12341942356 '),(null,'小花','bl467 ','盘锦市大洼乡','12304192367 '),( nul
l,'小红','hu123 ','丹东市振兴区','12304511289');
Query OK, 3 rows affected (0.00 sec)
Records: 3  Duplicates: 0  Warnings: 0

mysql> select * from 买家表;
+----+------+---------+----------------------+-------------+
| id | 姓名 | 密码    | 地址                 | 电话        |
+----+------+---------+----------------------+-------------+
|  1 | 菊子 | gh123   | 大连市甘井子区福居小区 | 12304191278 |
|  2 | 竹子 | gxp456  | 辽阳市白塔区望京花园   | 12304199098 |
|  3 | 小明 | gcl1234 | 沈阳市铁西区           | 12341942356 |
|  4 | 小花 | bl467   | 盘锦市大洼乡           | 12304192367 |
|  5 | 小红 | hu123   | 丹东市振兴区           | 12304511289 |
```

图 3-1-4 一次性添加 3 条记录

思考与总结

1. 插入数据时,当数据为字符型数据和日期型数据时,需要使用单引号将数据引起来。

2. 插入数据的 3 种办法中,一次性插入多条数据的优点是速度快,缺点是一旦出错,查找错误会很浪费时间。

实训演练

1. 为买家表添加 2 条记录。

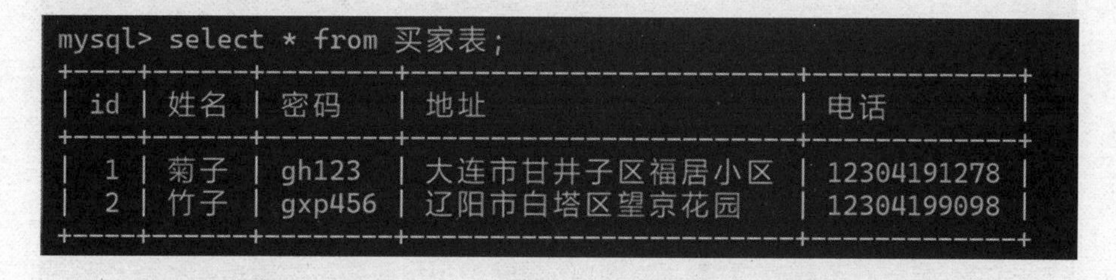

```
mysql> select * from 买家表;
+----+------+--------+----------------------+-------------+
| id | 姓名 | 密码   | 地址                 | 电话        |
+----+------+--------+----------------------+-------------+
|  1 | 菊子 | gh123  | 大连市甘井子区福居小区 | 12304191278 |
|  2 | 竹子 | gxp456 | 辽阳市白塔区望京花园   | 12304199098 |
+----+------+--------+----------------------+-------------+
```

2. 为卖家表添加 3 条记录。

```
mysql> select * from 卖家表 right join 商品表 on 卖家表.id=商品表.卖家主键;
+------+------+--------+----------------------+------+----+--------+------+------+----------+
| id   | 姓名 | 密码   | 地址                 | 电话 | id | 名称   | 价格 | 库存 | 卖家主键 |
+------+------+--------+----------------------+------+----+--------+------+------+----------+
|    1 | 小红 | wmj123 | 辽阳市白塔区南文化小区 | 123  |  1 | 糖果a  |   13 | 1000 |        1 |
|    1 | 小红 | wmj123 | 辽阳市白塔区南文化小区 | 123  |  2 | 糖果b  |   20 |  500 |        1 |
|    2 | 小绿 | gcl456 | 沈阳市铁西区逸夫小区   | 123  |  3 | 饮料c  |   15 |  200 |        2 |
|    2 | 小绿 | gcl456 | 沈阳市铁西区逸夫小区   | 123  |  4 | 饮料d  |   13 |  100 |        2 |
|    1 | 小红 | wmj123 | 辽阳市白塔区南文化小区 | 123  |  5 | 饮料   |   13 |  200 |        1 |
|    2 | 小绿 | gcl456 | 沈阳市铁西区逸夫小区   | 123  |  6 | 小饮料 |   10 |  280 |        2 |
|    2 | 小绿 | gcl456 | 沈阳市铁西区逸夫小区   | 123  |  7 | 果汁饮 |    8 |  120 |        2 |
+------+------+--------+----------------------+------+----+--------+------+------+----------+
7 rows in set (0.00 sec)
```

3. 为订单表添加 5 条记录。

```
mysql> select * from 订单表;
+----+----------+------+------+------+----------+
| id | 商品主键 | 单价 | 数量 | 总价 | 买家主键 |
+----+----------+------+------+------+----------+
|  1 |        3 |   15 |    2 |   30 |        1 |
|  2 |        2 |   20 |    1 |   20 |        1 |
|  3 |        1 |   10 |    4 |   40 |        2 |
|  4 |        4 |   13 |    2 |   26 |        2 |
|  5 |        2 |   20 |    3 |   60 |        2 |
+----+----------+------+------+------+----------+
5 rows in set (0.00 sec)
```

4. 为商品表添加 7 条记录。

```
mysql> select * from 商品表;
+----+--------+------+------+----------+
| id | 名称   | 价格 | 库存 | 卖家主键 |
+----+--------+------+------+----------+
|  1 | 糖果a  |   10 | 1000 |        1 |
|  2 | 糖果b  |   20 |  500 |        1 |
|  3 | 饮料c  |   15 |  200 |        2 |
|  4 | 饮料d  |   13 |  100 |        3 |
|  5 | 饮料   |   13 |  200 |        1 |
|  6 | 小饮料 |   10 |  280 |        2 |
|  7 | 果汁饮 |    8 |  120 |        3 |
+----+--------+------+------+----------+
7 rows in set (0.00 sec)
```

5. 为购物车表添加 5 条记录。

```
mysql> select * from 购物车表;
+----+----------+----------+----------+
| id | 买家主键 | 商品主键 | 商品数量 |
+----+----------+----------+----------+
|  1 |        1 |        3 |        2 |
|  2 |        1 |        2 |        1 |
|  3 |        2 |        1 |        4 |
|  4 |        2 |        4 |        2 |
|  5 |        2 |        2 |        3 |
+----+----------+----------+----------+
5 rows in set (0.00 sec)
```

第 2 节 更新数据

网站数据表中数据的更新和删除

数据的更新即为数据的修改,有 4 种修改数据的情况:第一种对整个字段的值进行修改,第二种是只对某一条数据的某个值进行修改;第三种是对一条数据中某几个值同时进行修改;第四种是在某一个字段原来值的基础上增加或减少,进行表达式的运算,并且要学习如何删除数据。

1. 修改整个字段值

首先打开淘淘网,并显示商品表的所有数据,如图 3-2-1 所示。

```
mysql> select * from 商品表;
+----+--------+------+------+----------+
| id | 名称   | 价格 | 库存 | 卖家主键 |
+----+--------+------+------+----------+
|  1 | 糖果a  |   10 | 1000 |        1 |
|  2 | 糖果b  |   20 |  500 |        1 |
|  3 | 饮料c  |   15 |  200 |        2 |
|  4 | 饮料d  |   13 |  100 |        3 |
|  5 | 饮料   |   13 |  200 |        1 |
|  6 | 小饮料 |   10 |  280 |        2 |
|  7 | 果汁饮 |    8 |  120 |        3 |
+----+--------+------+------+----------+
7 rows in set (0.00 sec)
```

图 3-2-1　查看所有数据

修改整个字段的值,将库存这一字段的值改为 500,语句是“update 商品表 set 库存=500;”update 即为修改的意思,set 为设置,库存=500 是赋值语句,执行后,整个字段被修改为 500,如图 3-2-2 所示。

```
mysql> update 商品表 set 库存=500;
Query OK, 6 rows affected (0.00 sec)
Rows matched: 7  Changed: 6  Warnings: 0

mysql> select * from 商品表;
+----+--------+------+------+----------+
| id | 名称   | 价格 | 库存 | 卖家主键 |
+----+--------+------+------+----------+
|  1 | 糖果a  |   13 |  500 |        1 |
|  2 | 糖果b  |   20 |  500 |        1 |
|  3 | 饮料c  |   15 |  500 |        2 |
|  4 | 饮料d  |   13 |  500 |        2 |
|  5 | 饮料   |   13 |  500 |        1 |
|  6 | 小饮料 |   10 |  500 |        2 |
|  7 | 果汁饮 |    8 |  500 |        2 |
+----+--------+------+------+----------+
7 rows in set (0.00 sec)
```

图 3-2-2　修改库存一列为 500

2. 修改某一条数据的字段值

修改某一条记录的某一字段值,比如将商品表中饮料 c 的库存改为 200,语句为“update 商品表 set 库存=200 where 名称='饮料 c';”,如图 3-2-3 所示。在这个语句中,如果没有 where 语句的设置,就是将所有商品库存全部修改为 200,加上由 where 设置的条件后,只将商品名称为饮料 c 的商品库存改为 200,其他商品的库存不会被修改。这里需要注意的是,饮料 c 是名称字段里的一个字符型数据,所以必须用单引号引起来。

```
mysql> update 商品表 set 库存=200 where 名称='饮料c';
Query OK, 1 row affected (0.00 sec)
Rows matched: 1  Changed: 1  Warnings: 0

mysql> select * from 商品表;
+----+--------+------+------+----------+
| id | 名称   | 价格 | 库存 | 卖家主键 |
+----+--------+------+------+----------+
|  1 | 糖果a  |   10 |  500 |        1 |
|  2 | 糖果b  |   20 |  500 |        1 |
|  3 | 饮料c  |   15 |  200 |        2 |
|  4 | 饮料d  |   13 |  500 |        3 |
|  5 | 饮料   |   13 |  500 |        1 |
|  6 | 小饮料 |   10 |  500 |        2 |
|  7 | 果汁饮 |    8 |  500 |        3 |
+----+--------+------+------+----------+
7 rows in set (0.00 sec)
```

图 3-2-3 修改饮料 c 的库存为 200

3. 修改同一条数据的多个字段值

将一条数据中的几个字段值同时修改,比如将商品表中饮料 d 的库存改成 100,价格改为 15 元,语句为“update 商品表 set 库存=100,价格=15 where 名称='饮料 d';”,如图 3-2-4 所示。如果没有 where 设置的条件,该语句会将库存整个字段的值都改为 100,将价格字段的所有值都改为 15。加上条件后,只有名称为饮料 d 的库存和价格值才做修改,其他商品不会被修改。需要注意的是,饮料 d 是字符型数据,需要用单引号引起来。修改多个字段值时,赋值语句之间用英文逗号隔开即可。

```
mysql> update 商品表 set 库存=100,价格=15 where 名称='饮料d';
Query OK, 1 row affected (0.01 sec)
Rows matched: 1  Changed: 1  Warnings: 0

mysql> select * from 商品表;
+----+--------+------+------+----------+
| id | 名称   | 价格 | 库存 | 卖家主键 |
+----+--------+------+------+----------+
|  1 | 糖果a  |   10 |  500 |        1 |
|  2 | 糖果b  |   20 |  500 |        1 |
|  3 | 饮料c  |   15 |  200 |        2 |
|  4 | 饮料d  |   15 |  100 |        3 |
|  5 | 饮料   |   13 |  500 |        1 |
|  6 | 小饮料 |   10 |  500 |        2 |
|  7 | 果汁饮 |    8 |  500 |        3 |
+----+--------+------+------+----------+
7 rows in set (0.00 sec)
```

图 3-2-4 修改饮料 d 库存为 100、价格为 15

4. 支持表达式运算

将某个字段在原来的字段值的基础上做相应的变化,比如,将商品表中糖果 a 的价格在原来的基础上增加 3 元。语句是“update 商品表 set 价格=价格+3 where 名称='糖果 a';”,如图 3-2-5 所示。可以看到,MySQL 支持表达式运算,将价格加 3 后,重新赋值给价格这个字段,就实现了糖果 a 在原来价格基础上增加了 3 元,由原来的价格 10 元变成 13 元了。

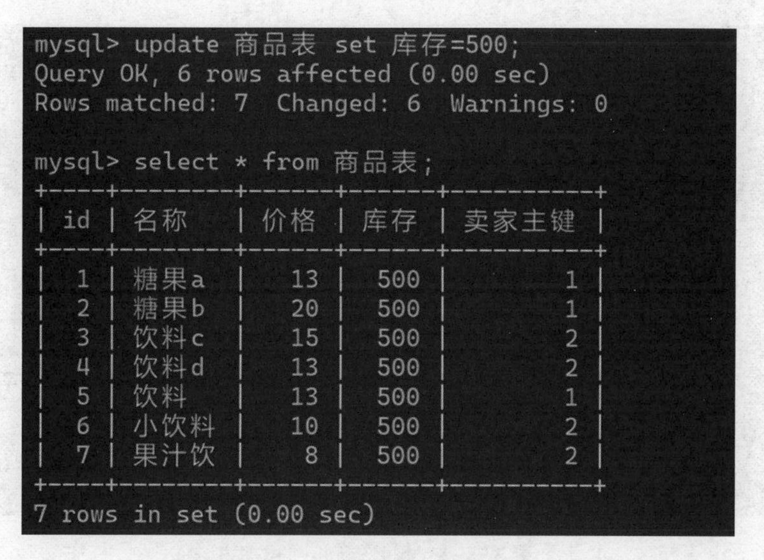

```
mysql> update 商品表 set 库存=500;
Query OK, 6 rows affected (0.00 sec)
Rows matched: 7  Changed: 6  Warnings: 0

mysql> select * from 商品表;
+----+--------+------+------+----------+
| id | 名称   | 价格 | 库存 | 卖家主键 |
+----+--------+------+------+----------+
|  1 | 糖果a  |   13 |  500 |        1 |
|  2 | 糖果b  |   20 |  500 |        1 |
|  3 | 饮料c  |   15 |  500 |        2 |
|  4 | 饮料d  |   13 |  500 |        2 |
|  5 | 饮料   |   13 |  500 |        1 |
|  6 | 小饮料 |   10 |  500 |        2 |
|  7 | 果汁饮 |    8 |  500 |        2 |
+----+--------+------+------+----------+
7 rows in set (0.00 sec)
```

图 3-2-5　修改糖果 a 价格增加 3 元

思考与总结

1. 修改数据时，如果新的数据是字符型或者日期型，则需要用单引号引起来。
2. 修改两列数据时，两个表达式需要用英文逗号隔开。

实训演练

1. 将卖家表中小红的地址改为辽阳市白塔区望京小区。

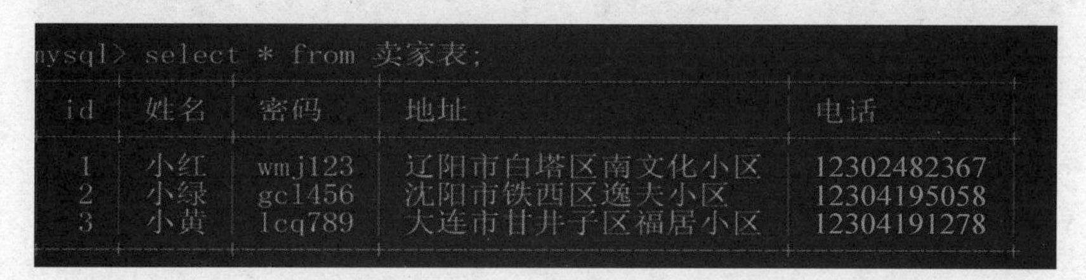

```
mysql> select * from 卖家表;
+----+------+--------+--------------------------+-------------+
| id | 姓名 | 密码   | 地址                     | 电话        |
+----+------+--------+--------------------------+-------------+
|  1 | 小红 | wmj123 | 辽阳市白塔区南文化小区   | 12302482367 |
|  2 | 小绿 | gcl456 | 沈阳市铁西区逸夫小区     | 12304195058 |
|  3 | 小黄 | lcq789 | 大连市甘井子区福居小区   | 12304191278 |
+----+------+--------+--------------------------+-------------+
```

2. 将卖家表中小黄的电话改为 12304191378，密码改为 lci789。

第 3 节　删除数据

1. 逐条删除数据

使用语句“delete from 商品表;”可以将商品表中的所有数据删除。这个操作不要轻易执行，执行后，数据表会成为一个空表。删除某一条数据时，必须使用 delete from，比如删除掉饮料 c 这条数据的语句是“delete from 商品表 where 名称 =' 饮料 c' ;”，如图 3-3-1 所示。加上 where 设置的条件，即可删除名称为饮料 c 的那条记录，名称不是饮料 c 的其他数据不会被删除。使用“select * from 商品表;”查看所有数据，可以看到饮料 c 那条数据已经被删除。

```
mysql> delete from 商品表 where 名称='饮料c';
Query OK, 1 row affected (0.00 sec)

mysql> select * from 商品表;
+----+--------+------+------+----------+
| id | 名称   | 价格 | 库存 | 卖家主键 |
+----+--------+------+------+----------+
|  1 | 糖果a  |   13 |  500 |        1 |
|  2 | 糖果b  |   20 |  500 |        1 |
|  4 | 饮料d  |   15 |  100 |        3 |
|  5 | 饮料   |   13 |  500 |        1 |
|  6 | 小饮料 |   10 |  500 |        2 |
|  7 | 果汁饮 |    8 |  500 |        3 |
+----+--------+------+------+----------+
6 rows in set (0.00 sec)
```

图 3-3-1　删除饮料 c 的数据

2. 摧毁整个数据表

使用语句“truncate 商品表;”可以摧毁整个数据表,然后重建一个和原来的商品表结构相同的空表,如图 3-3-2 所示。所以,如果数据特别多,使用 truncate 会很快删除所有数据。但它有个缺点,即不能删除某一条数据,因为它只会将整个数据表摧毁。

```
mysql> truncate 商品表;
Query OK, 0 rows affected (0.02 sec)

mysql> select * from 商品表;
Empty set (0.00 sec)
```

图 3-3-2　删除商品表中的所有数据

思考与总结

delete from 和 truncate 语句都能删除表里的所有数据,它们的优、缺点分别是什么呢?

实训演练

1. 删除商品表中库存为 500 的商品。
2. 删除商品表中价格为 15 元的商品。

本章小结

本章学习了录入数据的方法,通常有 3 种录入方法:给所有字段赋值,比较简洁快速,不用声明字段名;给指定的字段赋值,适合某些字段已经有了默认值,无须赋值的情况;一次性插入多条数据,在语句没有错误的情况下,插入速度快,缺点是一旦出错,查找错误困难,浪费时间。数据的删除比较简单。数据的修改有多种情况,支持表达式运算。

拓展作业

题目：

1. 将商品表中库存的数据值都改为 1 000。
2. 将商品表中饮料 c 的库存改为 200。
3. 将商品表中饮料 d 的库存改为 300，价格改为 18 元。
4. 将商品表中糖果 a 的价格在原来的基础上增加 5 元。
5. 将商品表中的所有数据删除。

考核点：数据的各种修改情况以及删除数据表的操作。

难度：中。

第 4 章 电子商务网站商品信息的查询

知识目标

1. 学会对数据进行简单查询。
2. 学会对数据进行条件查询。
3. 学会使用聚合函数对数据进行统计查询。
4. 学会对数据进行排序查询。
5. 学会对数据进行分组查询。

素养目标

了解数据查询在数据库操作中的作用,特别是在电子商务中,对电子商务网站业务开展的促进作用。

第 1 节 简单查询

商品信息的简单查询

数据的查询是数据库知识中极其重要的部分,分为单表查询和多表查询。

单表查询包括简单查询、条件查询、聚合函数查询和排序分组查询,本节学习简单查询,包括查看所有字段、查看指定字段、查看某类商品、支持表达式查询。

1. 查看所有字段

打开淘淘网,商品的信息都已录入商品表。如果用户想查看所有商品信息,就是对商品表查询所有字段,语句是“select * from 商品表;”,如图 4-1-1 所示。

```
mysql> select * from 商品表;
+----+---------+------+------+----------+
| id | 名称    | 价格 | 库存 | 卖家主键 |
+----+---------+------+------+----------+
|  1 | 糖果a   |   10 | 1000 |        1 |
|  2 | 糖果b   |   20 |  500 |        1 |
|  3 | 饮料c   |   15 |  200 |        2 |
|  4 | 饮料d   |   13 |  100 |        3 |
|  5 | 饮料    |   13 |  200 |        1 |
|  6 | 小饮料  |   10 |  280 |        2 |
|  7 | 果汁饮  |    8 |  120 |        3 |
+----+---------+------+------+----------+
7 rows in set (0.02 sec)
```

图 4-1-1 查看商品表的所有数据

select 的意思为查询，* 代表所有字段，也可以不写 *，而是写出各个字段的名字。语句完整写法是“select id，名称，价格，库存，卖家主键；”。

2. 查看指定字段

指定字段数据，语法格式：

```
select 字段名 1,字段名 2…from 表名;
```

查看商品名称和价格，其他字段不查看，语句是“select 名称，价格 from 商品表”，如图 4-1-2 所示，也就是把要查看的字段名按顺序放在 select 这个单词之后，字段名之间用英文逗号隔开，字段名的顺序就是查看出来的字段值的顺序。比如，想让价格字段在前，名称字段在后，那么语句可以写为“select 价格，名称 from 商品表；”，如图 4-1-3 所示。

```
mysql> select 名称,价格 from 商品表;
+--------+-------+
| 名称   | 价格  |
+--------+-------+
| 糖果a  |    13 |
| 糖果b  |    20 |
| 饮料c  |    15 |
| 饮料d  |    13 |
| 饮料   |    13 |
| 小饮料 |    10 |
| 果汁饮 |     8 |
+--------+-------+
7 rows in set (0.00 sec)
```

图 4-1-2　查看名称和价格两个字段

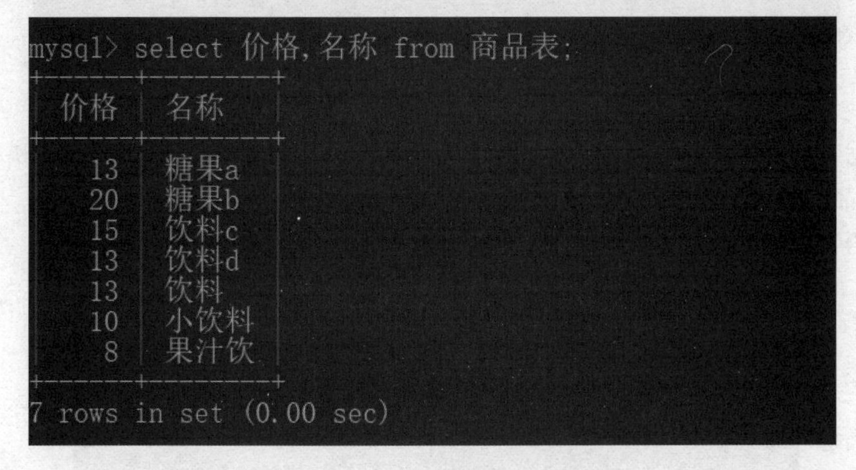

图 4-1-3　价格和名称调换顺序

3. 查看某类商品

查看某一类商品的信息，比如饮料 d，语句是“select * from 商品表 where 名称='饮料 d'；”，如图 4-1-4 所示。在这个语句中，如果没有 where 设置的条件，那么就是查询商品所有信息，加上条件后，只要名称是饮料 d 的商品，它的各项信息就会显示，不是这个商品的信息不会显示；饮料 d 是字符型数据，必须用单引号引起来。

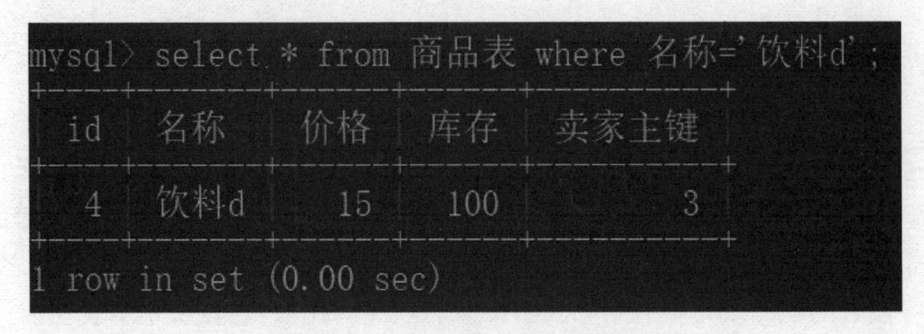

```
mysql> select * from 商品表 where 名称='饮料d';
+----+-------+------+------+----------+
| id | 名称  | 价格 | 库存 | 卖家主键 |
+----+-------+------+------+----------+
|  4 | 饮料d |   15 |  100 |        3 |
+----+-------+------+------+----------+
1 row in set (0.00 sec)
```

图 4-1-4　查看饮料 d 的所有信息

4. 支持表达式查询

对商品表进行价格调整后的查询，比如卖家将所有商品在原来价格基础上上调 5 元，查询语句是“select id，名称，价格+5，库存，卖家主键 from 商品表；”，如图 4-1-5 所示。可以看到，MySQL 支持表达式运算，将原来的价格统一加上 5 元之后呈现出来。

```
mysql> select id,名称,价格+5,库存,卖家主键 from 商品表;
+----+--------+--------+------+----------+
| id | 名称   | 价格+5 | 库存 | 卖家主键 |
+----+--------+--------+------+----------+
|  1 | 糖果a  |     18 | 1000 |        1 |
|  2 | 糖果b  |     25 |  500 |        1 |
|  3 | 饮料c  |     20 |  200 |        2 |
|  4 | 饮料d  |     18 |  100 |        2 |
|  5 | 饮料   |     18 |  200 |        1 |
|  6 | 小饮料 |     15 |  280 |        2 |
|  7 | 果汁饮 |     13 |  120 |        2 |
+----+--------+--------+------+----------+
7 rows in set (0.00 sec)
```

图 4-1-5　价格上调 5 元的查询

对数据表的价格进行修改的语句是“update 商品表 set 价格=价格+5；”，这条语句一旦执行，所有商品的价格上涨 5 元。

使用语句“select * from 商品表；”查看所有数据，如图 4-1-6 所示。

```
mysql> select * from 商品表;
+----+--------+------+------+----------+
| id | 名称   | 价格 | 库存 | 卖家主键 |
+----+--------+------+------+----------+
|  1 | 糖果a  |   13 |  500 |        1 |
|  2 | 糖果b  |   20 |  500 |        1 |
|  4 | 饮料d  |   15 |  100 |        3 |
|  5 | 饮料   |   13 |  500 |        1 |
|  6 | 小饮料 |   10 |  500 |        2 |
|  7 | 果汁饮 |    8 |  500 |        3 |
+----+--------+------+------+----------+
6 rows in set (0.00 sec)
```

图 4-1-6　查看所有数据

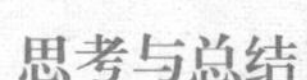

思考与总结

1. 查询数据时，* 代表所有字段。查询多个字段时，必须用英文逗号隔开每个字段名。
2. 查询数据时，不会修改数据，只有使用 update 语句可以修改数据。

实训演练

1. 查询商品表中商品名称和卖家主键两个字段信息。
2. 查询商品表中糖果 a 的所有信息。
3. 查询所有商品的库存加 50 后的库存量。

商品信息的条件查询

第 2 节　条件查询

条件查询有 5 种情况：第一种是区间条件设置，比如用户想买一件 200~300 元的长裙；第二种是符合集合内的值的条件设置，比如查询某一个班级谁考了 100 分；第三种是模糊查询条件设置，比如查询某个班级姓李的同学的信息；第四种是逻辑与条件设置；第五种是逻辑或条件设置。

1. 区间条件设置

首先打开淘淘网，并显示商品表的所有数据，如图 4-2-1 所示。

```
mysql> select * from 商品表;
+----+--------+------+------+----------+
| id | 名称   | 价格 | 库存 | 卖家主键 |
+----+--------+------+------+----------+
|  1 | 糖果a  |   10 | 1000 |        1 |
|  2 | 糖果b  |   20 |  500 |        1 |
|  3 | 饮料c  |   15 |  200 |        2 |
|  4 | 饮料d  |   13 |  100 |        3 |
|  5 | 饮料   |   13 |  200 |        1 |
|  6 | 小饮料 |   10 |  280 |        2 |
|  7 | 果汁饮 |    8 |  120 |        3 |
+----+--------+------+------+----------+
7 rows in set (0.00 sec)
```

图 4-2-1　查看商品表的所有数据

比如，查询价格在 10~20 元之间的所有商品信息，语句为“select * from 商品表 where 价格 between 10 and 20;”，如图 4-2-2 所示。如果满足条件，可以查出符合条件的商品的所有字段，所以 select 后面跟的是 *，代表所有字段。between and 的含义是在……与……之间，包含临界值，所以，凡是价格为 10 元或 20 元的商品以及在 10~20 元之间的商品，都会被查出来，需要注意的是，一定要在 where 后面加上字段名价格。

比如，查询价格超过或等于 20 元的商品的信息，语句为“select * from 商品表 where 价格>=20;”，如图 4-2-3 所示。

```
mysql> select * from 商品表 where 价格 between 10 and 20;
+----+--------+------+------+----------+
| id | 名称   | 价格 | 库存 | 卖家主键 |
+----+--------+------+------+----------+
|  1 | 糖果a  |   13 | 1000 |        1 |
|  2 | 糖果b  |   20 |  500 |        1 |
|  3 | 饮料c  |   15 |  200 |        2 |
|  4 | 饮料d  |   13 |  100 |        3 |
|  5 | 饮料   |   13 |  200 |        1 |
|  6 | 小饮料 |   10 |  280 |        2 |
+----+--------+------+------+----------+
6 rows in set (0.00 sec)
```

图 4-2-2　区间条件查询

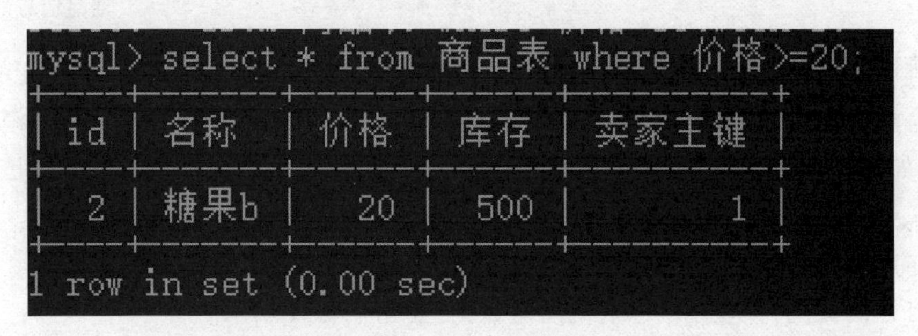

```
mysql> select * from 商品表 where 价格>=20;
+----+-------+------+------+----------+
| id | 名称  | 价格 | 库存 | 卖家主键 |
+----+-------+------+------+----------+
|  2 | 糖果b |   20 |  500 |        1 |
+----+-------+------+------+----------+
1 row in set (0.00 sec)
```

图 4-2-3　带 where 条件的查询

2. 集合内值的条件设置

集合条件查询指的是，只需符合集合内的一个值，即符合查询条件。比如，查询商品表中价格等于 13 元或者 15 元或者 20 元的商品信息，只要等于其中一个值即符合条件，语句是“select * from 商品表 where 价格 in(13,15,20);”，如图 4-2-4 所示。where 表示设置条件，后面必须加上查询的字段名，这里使用的关键词是 in，多个值必须用括号引起来，使用英文逗号隔开。

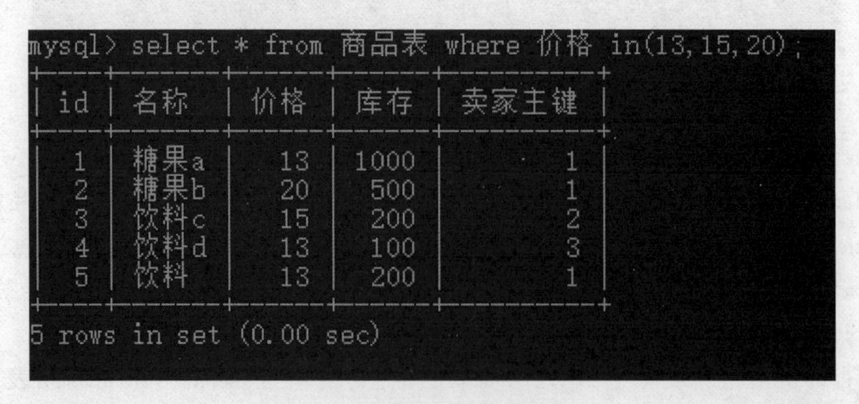

```
mysql> select * from 商品表 where 价格 in(13,15,20);
+----+-------+------+------+----------+
| id | 名称  | 价格 | 库存 | 卖家主键 |
+----+-------+------+------+----------+
|  1 | 糖果a |   13 | 1000 |        1 |
|  2 | 糖果b |   20 |  500 |        1 |
|  3 | 饮料c |   15 |  200 |        2 |
|  4 | 饮料d |   13 |  100 |        3 |
|  5 | 饮料  |   13 |  200 |        1 |
+----+-------+------+------+----------+
5 rows in set (0.00 sec)
```

图 4-2-4　集合内值的条件设置

3. 模糊查询条件设置

模糊查询与精准查询相对应，比如精准查询商品名称等于饮料 c，而模糊查询是指不知道精确的商品名称。比如,查询商品表中以饮字开头的商品信息。即第一个字是饮即可,语句是“select * from 商品表 where 名称 like '饮%';”,如图 4-2-5 所示。where 表示设置条件,后面必须加上查询的字段名,这里使用的关键词是 like,饮为第一个字,后面用通配符%,代表 0 个或者多个汉字,商品名称字段里的数据是字符型的数据,所以需要用单引号引起来。

```
mysql> select * from 商品表 where 名称 like '饮%';
+----+--------+------+------+----------+
| id | 名称   | 价格 | 库存 | 卖家主键 |
+----+--------+------+------+----------+
|  3 | 饮料c  |   15 |  200 |        2 |
|  4 | 饮料d  |   13 |  100 |        3 |
|  5 | 饮料   |   13 |  200 |        1 |
+----+--------+------+------+----------+
3 rows in set (0.00 sec)
```

图 4-2-5　带%通配符的模糊查询

查询以饮字开头,后面只能带一个字的商品信息,语句为“select * from 商品表 where 名称 like '饮_';”,如图 4-2-6 所示。一个下划线代表一个汉字。

```
mysql> select * from 商品表 where 名称 like '饮_';
+----+------+------+------+----------+
| id | 名称 | 价格 | 库存 | 卖家主键 |
+----+------+------+------+----------+
|  5 | 饮料 |   13 |  200 |        1 |
+----+------+------+------+----------+
1 row in set (0.00 sec)
```

图 4-2-6　带_通配符的模糊查询(1)

查询以饮字为开头,后面必须带两个汉字的商品信息,语句为“select * from 商品表 where 名称 like '饮__';”,如图 4-2-7 所示。两个下划线就代表两个汉字。

```
mysql> select * from 商品表 where 名称 like '饮__';
+----+--------+------+------+----------+
| id | 名称   | 价格 | 库存 | 卖家主键 |
+----+--------+------+------+----------+
|  3 | 饮料c  |   15 |  200 |        2 |
|  4 | 饮料d  |   13 |  100 |        3 |
+----+--------+------+------+----------+
2 rows in set (0.00 sec)
```

图 4-2-7　带_通配符的模糊查询(2)

查询名称中有饮字的商品名称。饮字可以出现在名称的开头中间或者结尾,语句为“select * from 商品表 where 名称 like '%饮%';”,如图 4-2-8 所示。

```
mysql> select * from 商品表 where 名称 like '%饮%';
+----+--------+------+------+----------+
| id | 名称   | 价格 | 库存 | 卖家主键 |
+----+--------+------+------+----------+
|  3 | 饮料c  |   15 |  200 |        2 |
|  4 | 饮料d  |   13 |  100 |        3 |
|  5 | 饮料   |   13 |  200 |        1 |
|  6 | 小饮料 |   10 |  280 |        2 |
|  7 | 果汁饮 |    8 |  120 |        3 |
+----+--------+------+------+----------+
5 rows in set (0.00 sec)
```

图 4-2-8　带两个%通配符的模糊查询

4. 逻辑与条件查询

逻辑与条件查询即指查询时须同时满足两个条件,比如查询以糖字开头并且价格在 15 元以下的商品的信息。即是为用户缩小查询范围,节省查询时间。在 MySQL 中,用 and 这个关键词来表示逻辑与。语句是“select * from 商品表 where 名称 like '糖%' and 价格<15;”,如图 4-2-9 所示。在这个语句中,and 关键词之前是第一个条件,名称必须以糖字开头,and 之后是第二个条件,价格必须小于 15 元。只有两个条件都满足的商品的信息才会被查询出来。

```
mysql> select * from 商品表 where 名称 like '糖%' and 价格<15;
+----+-------+------+------+----------+
| id | 名称  | 价格 | 库存 | 卖家主键 |
+----+-------+------+------+----------+
|  1 | 糖果a |   13 | 1000 |        1 |
+----+-------+------+------+----------+
1 row in set (0.00 sec)
```

图 4-2-9　逻辑与条件查询

5. 逻辑或条件查询

逻辑或指的是两个条件满足其中一个即可。比如,查询出要么符合库存大于等于 200,要么属于 2 号卖家的商品信息。逻辑或的关键词是 or,语句为“select * from 商品表 where 库存>=200 or 卖家主键=2;”,如图 4-2-10 所示,通过逻辑与、逻辑或条件查询结果的比较,逻辑与两个条件都要满足,符合条件的数据很少,逻辑或满足一个条件即可,所以符合条件的数据比较多。

```
mysql> select * from 商品表 where 库存>=200 or 卖家主键=2;
+----+--------+------+------+----------+
| id | 名称   | 价格 | 库存 | 卖家主键 |
+----+--------+------+------+----------+
|  1 | 糖果a  |   13 | 1000 |        1 |
|  2 | 糖果b  |   20 |  500 |        1 |
|  3 | 饮料c  |   15 |  200 |        2 |
|  5 | 饮料   |   13 |  200 |        1 |
|  6 | 小饮料 |   10 |  280 |        2 |
+----+--------+------+------+----------+
5 rows in set (0.00 sec)
```

图 4-2-10　逻辑或条件查询

思考与总结

1. 区间条件设置时,两个临界值都在查询的范围内。

2. 模糊查询时,%代表0个或者多个汉字,一个下划线代表一个汉字,两个下划线代表两个汉字。

实训演练

1. 对商品表查询库存在200~500之间的商品的所有信息。
2. 对商品表查询库存为1 000或者500的商品的所有信息。
3. 对商品表查询名字中有糖果两个字并且库存大于100的商品的所有信息。

第3节　使用聚合函数统计商品的销售量

在MySQL中,聚合函数一共有5个,虽然聚合函数是一个新概念,但是5个聚合函数和电子表格里的5个常用函数的功能是一样的,函数名字也很类似,sum是求和函数,avg是求平均值,max求最大值,min求最小值,count求计数。

使用聚合函数统计商品的销售量

1. 求和函数

求和函数,语法格式是"select sum(字段名)from 表名;",使用这条语句可以求出指定字段值的总和。比如,计算订单表中所有订单的总和。首先打开淘淘网,语句是"use 淘淘网;",查看订单表中所有数据,语句是"select * from 订单表;",如图4-3-1所示。将每笔订单的总价加起来即总和,语句为"select sum(总价)from 订单表;",如图4-3-2所示。sum函数后面加上进行计算的字段名,即可求出这一字段的所有数据的总和。

```
mysql> select * from 订单表;
+----+----------+------+------+------+----------+
| id | 商品主键 | 单价 | 数量 | 总价 | 买家主键 |
+----+----------+------+------+------+----------+
|  1 |        3 |   15 |    2 |   30 |        1 |
|  2 |        2 |   20 |    1 |   20 |        1 |
|  3 |        1 |   10 |    4 |   40 |        2 |
|  4 |        4 |   13 |    2 |   26 |        2 |
|  5 |        2 |   20 |    3 |   60 |        2 |
+----+----------+------+------+------+----------+
5 rows in set (0.00 sec)
```

图4-3-1　查看订单表的所有数据

```
mysql> select sum(总价) from 订单表;
+-----------+
| sum(总价) |
+-----------+
|       176 |
+-----------+
1 row in set (0.00 sec)
```

图 4-3-2　sum 函数查询

2. 求平均值

avg 函数用于求平均值，语法格式是"select avg(字段名) from 表名;"。比如，计算所有订单总价的平均值，语句是"select avg(总价) from 订单表;"，如图 4-3-3 所示。avg 函数可以实现对整个字段计算出平均值。

```
mysql> select avg(总价) from 订单表;
+-----------+
| avg(总价) |
+-----------+
|   35.2000 |
+-----------+
1 row in set (0.00 sec)
```

图 4-3-3　avg 函数查询

3. 求最大值

max 函数用于求最大值，语法格式是"select max(字段名) from 表名;"。比如，计算订单表中最大一笔交易额，语句是"select max(总价) from 订单表;"，如图 4-3-4 所示。

```
mysql> select max(总价) from 订单表;
+-----------+
| max(总价) |
+-----------+
|        60 |
+-----------+
1 row in set (0.00 sec)
```

图 4-3-4　max 函数查询

4. 求最小值

min 函数用于求最小值，语法格式是"select min(字段名) from 表名;"。比如，计算订单表中最小一笔订单交易额，语句是"select min(总价) from 订单表;"，如图 4-3-5 所示。

```
mysql> select min(总价) from 订单表;
+-----------+
| min(总价) |
+-----------+
|        20 |
+-----------+
1 row in set (0.00 sec)
```

图 4-3-5　min 函数查询

5. 求计数

count 函数用于计数,语法格式是"select count(字段名)from 表名;"。比如,计算出一共有多少笔订单,语句是"select count(总价)from 订单表;"。这个函数的用法与前 4 个函数稍有不同,函数后面括号内的字段名可以不唯一,可以是数据表中任何一个字段名或者是 *,查询结果是相同的,如图 4-3-6~图 4-3-8 所示。

```
mysql> select count(总价) from 订单表;
+-------------+
| count(总价) |
+-------------+
|           5 |
+-------------+
1 row in set (0.00 sec)
```

图 4-3-6　count 函数查询(1)

```
mysql> select count(id) from 订单表;
+-----------+
| count(id) |
+-----------+
|         5 |
+-----------+
1 row in set (0.00 sec)
```

图 4-3-7　count 函数查询(2)

```
mysql> select count(*) from 订单表;
+----------+
| count(*) |
+----------+
|        5 |
+----------+
1 row in set (0.00 sec)
```

图 4-3-8　count 函数查询(3)

思考与总结

聚合函数可以进行纵向计算,即对某一字段进行计算,不能进行横向计算。

实训演练

1. 对订单表中所有商品数量进行求和。
2. 对订单表中所有商品单价求平均值。
3. 对订单表中所有商品单价求最小值。

对商品信息的排序与分组

第 4 节 排序和分组查询

从表中查询出来的数据是无序的,或者其排列顺序不是用户期望的,为了使查询结果满足用户的要求,可以使用 order by 对查询结果进行排序。

1. 排序

MySQL 中通过 order by 对聚合查询结果进行排序,语句是:

```
select * from 表名 order by 字段名 asc 或者 desc;
```

其中,order by 指定排序的列,排序的列既可以是表中的列名,也可以是 select 语句后指定的列名。asc 代表升序、desc 代表降序。order by 子句应位于 select 语句的结尾。

需要注意的是,在按照指定字段进行升序排列时,如果某条记录的字段值为 NULL,则这条记录会在第一条显示,这是因为 NULL 值可以被认为是最小值。

比如,查看商品表中的所有数据,如图 4-4-1 所示,并按照价格排序后输出。SQL 语句为"select 名称,价格 from 商品表 order by 价格;",如图 4-4-2 所示。

```
mysql> select * from 商品表;
+----+--------+------+------+----------+
| id | 名称   | 价格 | 库存 | 卖家主键 |
+----+--------+------+------+----------+
|  1 | 糖果a  |   13 | 1000 |        1 |
|  2 | 糖果b  |   20 |  500 |        1 |
|  3 | 饮料c  |   15 |  200 |        2 |
|  4 | 饮料d  |   13 |  100 |        3 |
|  5 | 饮料   |   13 |  200 |        1 |
|  6 | 小饮料 |   10 |  280 |        2 |
|  7 | 果汁饮 |    8 |  120 |        3 |
+----+--------+------+------+----------+
7 rows in set (0.00 sec)
```

图 4-4-1　查看商品表中的所有数据

```
mysql> select 名称,价格 from 商品表 order by 价格;
+---------+-------+
| 名称    | 价格  |
+---------+-------+
| 果汁饮  |     8 |
| 小饮料  |    10 |
| 糖果a   |    13 |
| 饮料d   |    13 |
| 饮料    |    13 |
| 饮料c   |    15 |
| 糖果b   |    20 |
+---------+-------+
7 rows in set (0.00 sec)
```

图 4-4-2　按照价格升序排序

注意:在排序依据的字段名后面,会有 asc 代表升序,或者是 desc 代表降序,升序时,asc 可以省略,即什么也不加表示升序。

比如,对商品表根据库存从高到低的顺序输出。SQL 语句为"select 名称,库存 from 商品表 order by 库存 desc;",如图 4-4-3 所示。

```
mysql> select 名称,库存 from 商品表 order by 库存 desc;
+---------+-------+
| 名称    | 库存  |
+---------+-------+
| 糖果a   |  1000 |
| 糖果b   |   500 |
| 小饮料  |   280 |
| 饮料c   |   200 |
| 饮料    |   200 |
| 果汁饮  |   120 |
| 饮料d   |   100 |
+---------+-------+
7 rows in set (0.00 sec)
```

图 4-4-3　按照库存降序排序

在排序的查询中,也可以设置条件,比如,在商品表中对糖果商品依据库存降序输出。SQL 语句为"select 名称,库存 from 商品表 where 名称 like '糖果%' order by 库存 desc;",如图 4-4-4 所示。

```
mysql> select 名称,库存 from 商品表 where 名称 like '糖果%' order by 库存 desc;
+-------+------+
| 名称  | 库存 |
+-------+------+
| 糖果a | 1000 |
| 糖果b |  500 |
+-------+------+
2 rows in set (0.00 sec)
```

图 4-4-4　以糖果开头的数据按照库存降序排序

通过这个例子,可以看到,先查找符合条件的数据,再进行排序,所以 order by 子句应位于 select 语句的结尾。

2. 分组查询

分组的秒懂

分组查询是对数据按照某个或多个字段进行分组,在 MySQL 中使用 group by 关键字对数据进行分组。group by 关键字可以将查询结果按照某个字段或多个字段进行分组。字段中值相等的为一组。其中,group by 后面的字段名,是指按照该字段的值进行分组,因为分组所依据的是列名称。having 条件表达式用来限制分组后的显示,符合条件表达式的结果将被显示。

一般地,分组查询有以下三种使用情况。

第一种情况:单独使用 group by。

在单独使用 group by 关键字进行分组时,查询的是每个分组中的第一条记录。比如,对商品表中的商品按卖家主键进行分组。SQL 语句为:

```
select * from 商品表 group by 卖家主键;
```

如图 4-4-5 所示,由于是单独使用 group by 关键字,因此,只会返回每个分组的第一条记录。其他数据隐藏了起来,没有显示出来。

```
mysql> select * from 商品表 group by 卖家主键;
+----+--------+------+------+----------+
| id | 名称   | 价格 | 库存 | 卖家主键 |
+----+--------+------+------+----------+
|  1 | 糖果a  |   13 | 1000 |        1 |
|  3 | 饮料c  |   15 |  200 |        2 |
|  4 | 饮料d  |   13 |  100 |        3 |
+----+--------+------+------+----------+
3 rows in set (0.00 sec)
```

图 4-4-5　按照卖家主键分组查询

第二种情况:group by 和聚合函数一起使用。

当 group by 和聚合函数一起使用时,集合函数包括 count()、sum()、avg()、max()和 min()。可以统计出某个或者某些字段在一个分组中的计数、求和、平均值、最大值、最小值等。

在创建分组时,需要注意,除聚合函数之外,select 语句中的每个列都必须在 group by 子句中给出。

比如,对商品表中的商品按卖家主键分类后,显示每个卖家的总库存。SQL 语句为:

```
select 卖家主键,sum(库存)from 商品表 group by 卖家主键;
```

如图 4-4-6 所示,对三个卖家的库存分别进行了求和运算。

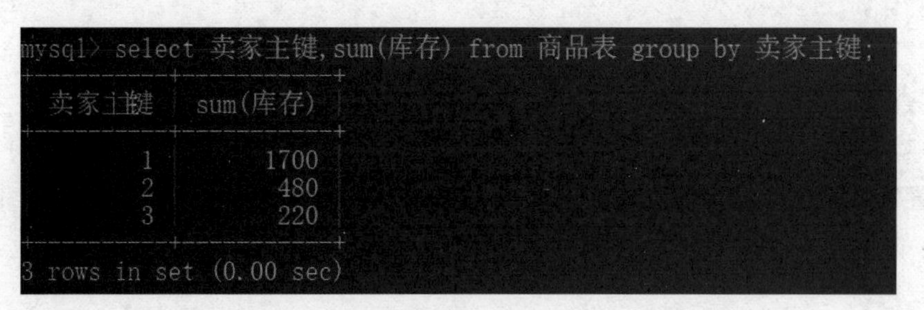

```
mysql> select 卖家主键,sum(库存) from 商品表 group by 卖家主键;
+----------+-----------+
| 卖家主键 | sum(库存) |
+----------+-----------+
|        1 |      1700 |
|        2 |       480 |
|        3 |       220 |
+----------+-----------+
3 rows in set (0.00 sec)
```

图 4-4-6　按照卖家主键分组查询库存的总和

第三种情况:group by 和 having 一起使用。

having 和 where 都用于设置条件对查询结果进行过滤。两者的区别是 where 在分组前进行条件过滤,having 在分组后进行条件过滤。使用 where 的地方都可以用 having 替换。但是 having 后可以跟聚合函数,而 where 不能。

比如,查询总库存大于 200 的商品名称。SQL 语句为:

```
select 名称,sum(库存)from 商品表 group by 名称 having sum(库存)>200;
```

运行结果如图 4-4-7 所示,这里要先进行分组,再进行条件过滤。

```
mysql> select 名称,sum(库存) from 商品表 group by 名称 having sum(库存)>200;
+--------+-----------+
| 名称   | sum(库存) |
+--------+-----------+
| 糖果a  |      1000 |
| 糖果b  |       500 |
| 小饮料 |       280 |
+--------+-----------+
3 rows in set (0.00 sec)
```

图 4-4-7　总库存大于 200 的商品名称

思考与总结

1. 排序查询时,排序语句放在整个语句的最后位置。
2. 分组查询时,同组的数据只能显示第一条数据,其他数据没有丢失,只是隐藏起来了。

实训演练

1. 对商品表中的所有商品按库存降序排序查询。
2. 对商品表中的所有商品按价格分组。
3. 查询出商品表中价格低于 15 元、总库存大于 200 的商品名称及其价格。

本章小结

本章学习了数据的查询,包括简单查询、条件设置查询、聚合函数查询、分组和排序查询,数据的查询在实际应用中用途非常广泛,可以帮助用户查到精准的数据,节约了宝贵时间。

拓展作业

题目:查询商品表中单价低于 20 元而总库存大于 20 的商品名称。

考核点:在单表查询中设置条件时,分组前使用 where 关键词设置条件,分组后使用 having 设置条件,所以,该查询语句由这两个关键词同时进行设置,从而查到符合条件的数据。

难度:难。

第5章 电子商务网站各种数据表关系的建立

知识目标

网站数据表的关联操作

1. 能确定两个数据表属于哪种关系。
2. 能在从表上创建外键约束。
3. 能进行两个表的连接查询。
4. 能对两个表进行子查询。

素养目标

掌握两个数据表的4种关联关系,在电子商务网站数据库设计的过程中,能分析出任何两张表的关系,并在从表上创建外键约束,从而保护两个数据表的完整性。

第1节 两个数据表的关系

在实际开发中,需要根据实体的内容设计数据表,实体间会有各种关联关系,所以,根据实体设计的数据表之间也存在着各种关联关系。本节主要介绍两个数据表的4种关联关系。

MySQL是一个关系型数据库,不仅可以存储数据,还可以通过在数据表中添加字段创建外键约束来维护数据与数据之间的关系。创建外键约束的前提是,分析清楚两个数据表的关系。

在MySQL中,数据之间的关联关系有4种:一对一、一对多、多对一和多对多。

通过生活中的案例来分别了解数据表中的各种关系。

比如,一个部门可以有多个员工,而一个员工通常情况下只属于一个部门,所以,部门和员工是一对多的关系;相反,员工和部门就是多对一的关系。多对一是数据表中最常见的一种关系。通过前面的学习,知道表之间的关系是通过外键建立的,因此,在多对一的表关系中,应该将外键建立在多的一方,否则,会造成数据的冗余。

比如,一个老师可以教多个学生,同时,一个学生可以上多个老师的课程,所以,老师和学生之间就是多对多的关系。多对多也是数据表中的一种关系。通常情况下,为了实现数据表的这种多对多的关系,两个表都是主表,需要定义一个中间表作为从表,该表保存两个关系表的外壳。在多对多的关系中,需要注意的是,连接表的两个外键都是可以重复的,但是两个外键之间的关系是不能重复的,所以,两个外键又是连接表的联合主键。

比如,一个人只有一个身份证,而一个身份证只对应一个人,所以,人和身份证之间就是一对一的关系。一对一关系在实际生活中比较常见,在一对一的对应关系中,需要分清主从关系,通常在从表中建立外部约束。从表需要主表的存在才有意义,身份证需要人的存在才有意义。因此,人为主表,身份证为从表,要在身份证表中建立外键。由实际情况可知,身份证中的外键必须是非空唯一的,因此,通常会直接用从表身份证中的主键作为外键。

需要注意的是,这种关系在数据库中并不常见,因为以这种方式存储的信息通常会放在一个表中。在实际开发中,一对一关联关系可以应用于:分割具有很多列的表;由于安全原因而隔离表的一部分;保存临时的数据,并且可以毫不费力地通过删除该表而删除这些数据。

在开发中,最常见的关联关系就是多对一关系。

思考与总结

1. 4 种关系中,最常见的是多对多关系和一对多的关系。
2. 约束也是保护,MySQL 会通过外键约束保护两个数据表的数据的正确性。

第 2 节 创建外部约束

两个数据表建立关系:外键的使用

在实际开发的项目中,一个健壮数据库中的数据一定有很好的参照完整性。在淘淘网中,有商品表和卖家表,如果商品表中有小红的商品,而卖家表中小红的信息却被删除了,这样就会产生垃圾数据或者错误数据。为了保证数据的完整性,将两个表之间的数据建立关系,因此就需要在商品表中添加外部约束。

约束也是限制,比如,学校给学生制定的各种学生守则。作为学生,要遵守学校的规章制度,就业后要遵守企业的职业规范,不论是在学校还是在企业,都需要遵守社会的法制法规,正如数据库中对各种数据的完整性约束一样。个人也有来自社会、企业的行为准则和道德约束,如遵纪守法、诚实守信、爱岗敬业等。约束不仅仅是限制,也是一种保护,校规保护学生安全,外键约束保护两个数据表数据的完整性和正确性。

接下来针对外部约束进行详细讲解。主要包括 3 个部分:外键的概念;为表创建外键约束;删除外键约束。

1. 外键的概念

外键是指引用另一个表中的一列或多列,被引用的列应该具有主键约束或唯一性约束。

外键用于建立和加强两个表数据之间的链接。

要为商品表和卖家表中添加外键约束,首先要分析两个数据表是哪种关系。一个商品只能属于一个卖家,一个卖家可以卖多种商品,所以两个表是一对多的关系,卖家表是主表,商品表是从表,需要在从表上创建外键约束,这样 MySQL 就可以约束两个数据表了。

2. 为表创建外键约束

第一种方法:

从表在创建时直接声明外键约束,所以商品表的建表语句为“create table 商品表(id int primary key auto_increment,价格 int,库存 int,卖家主键 int,foreign key(卖家主键)references 卖

家表(id));",如图 5-2-1 所示。

```
mysql> create table 商品表(id int primary key auto_increment,价格 int,库存 int,卖家主键 int,foreign key(卖家主键) references 卖家表(id));
Query OK, 0 rows affected (0.02 sec)
```

图 5-2-1　创建从表时直接声明外键约束

可以看到,商品表的外键约束已经添加成功。其中,卖家主键为外键字段,这个字段的值是参考主表卖家表的 id 根据实际情况录入的。MySQL 可以通过一条语句来验证外键约束是否成功,即"show create table 商品表;",如图 5-2-2 所示。

```
mysql> show create table 商品表;
+--------+------------------------------------------------------------
| Table  | Create Table
+--------+------------------------------------------------------------
| 商品表 | CREATE TABLE `商品表` (
  `id` int(11) NOT NULL AUTO_INCREMENT,
  `价格` int(11) DEFAULT NULL,
  `库存` int(11) DEFAULT NULL,
  `卖家主键` int(11) DEFAULT NULL,
  PRIMARY KEY (`id`),
  KEY `卖家主键` (`卖家主键`),
  CONSTRAINT `商品表_ibfk_1` FOREIGN KEY (`卖家主键`) REFERENCES `卖家表` (`id`)
) ENGINE=InnoDB DEFAULT CHARSET=utf8 |
+--------+------------------------------------------------------------
1 row in set (0.00 sec)
```

图 5-2-2　查看建表语句

出现"CONSTRAINT FOREIGN KEY",说明外键约束已经创建成功。

第二种方法:

当商品表已经创建完成,但没有创建外键约束时,可以使用语句"alter table 商品表 add constraint 外键约束名字 foreign key(卖家主键)references 卖家表(id);",如图 5-2-3 所示。

```
mysql> alter table 商品表 add constraint yueshu foreign key(卖家主键) references 卖家表(id);
Query OK, 0 rows affected (0.01 sec)
Records: 0  Duplicates: 0  Warnings: 0
```

图 5-2-3　为从表添加外键约束

通过查看建表语句,可以看到外键约束已成功,如图 5-2-4 所示。

此时,商品表和卖家表之间就是多对一的关系。商品表和卖家表不再是两个独立的数据表,若删除卖家表的一条记录,执行后显示不能删除,提示外键约束不允许删除记录,如图 5-2-5 所示。这是约束对数据表的保护,因为商品表里还有属于这个卖家的商品信息。

```
mysql> show create table 商品表;

| Table | Create Table

| 商品表 | CREATE TABLE `商品表` (
  `id` int(11) NOT NULL AUTO_INCREMENT,
  `名称` varchar(50) DEFAULT NULL,
  `价格` int(11) DEFAULT NULL,
  `库存` int(11) DEFAULT NULL,
  `卖家主键` int(11) DEFAULT NULL,
  PRIMARY KEY (`id`),
  KEY `yueshu` (`卖家主键`),
  CONSTRAINT `yueshu` FOREIGN KEY (`卖家主键`) REFERENCES `卖家表` (`id`)
) ENGINE=InnoDB DEFAULT CHARSET=utf8 |
```

图 5-2-4　查看建表语句

```
mysql> delete from 卖家表 where id=2;
ERROR 1451 (23000): Cannot delete or update a parent row: a foreign key constraint fails (`淘宝网`.`商品表`, CONSTRAINT `yueshu` FOREIGN KEY (`卖家主键`) REFERENCES `卖家表` (`id`))
```

图 5-2-5　外键约束保护数据表

如果确实要删除卖家的信息,可以先在从表中把这个卖家的商品信息删除掉,然后删除卖家信息可以了。这很像在一个公司里,要取消一个部门,需要先把这个部门的员工妥善安置,这个部门没有员工了,就可以取消这个部门了;否则,员工还在,要取消部门就不合理了。有了外键约束,这种情况是发生不了的,因为约束会保护数据表的安全。

3. 删除外键约束

语句是“alter table 表名 drop foreign key 外键约束名;”。比如,在商品表上删除外键约束,语句是“alter table 商品表 drop foreign key yueshu;”,如图 5-2-6 所示。

```
mysql> alter table 商品表 drop foreign key  yueshu;
Query OK, 7 rows affected (0.02 sec)
Records: 7  Duplicates: 0  Warnings: 0
```

图 5-2-6　删除外键约束

通过查看商品表的建表语句,可以看到外键约束已经删除,如图 5-2-7 所示。

思考与总结

1. 两种创建外键约束的方法中,建表后再添加外键约束这种方法更实用。
2. 删除外键约束时,外键字段依然存在。
3. 建立外键时,表必须是 InnoDB 型,不能是临时表;否则,外键创建不成功。

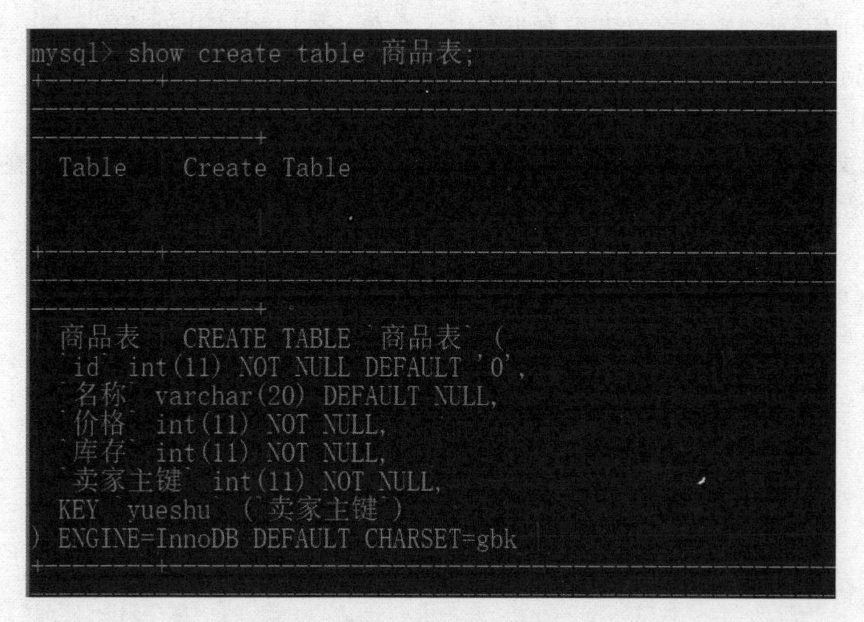

图 5-2-7 外键约束已经删除

实训演练

1. 分析买家表和商品表是哪种关联关系。哪个是主表？哪个是从表？
2. 分析买家表和卖家表是哪种关联关系。哪个是主表？哪个是从表？

网站数据表的连接查询

第 3 节 连接查询

连接查询是关系数据库中最主要的查询，主要包括交叉连接、内连接和外连接等。通过连接运算符可以实现多个表查询。连接是关系数据库模型的主要特点，也是它区别于其他类型数据库管理系统的一个标志。在关系数据库管理系统中，建立表时，各数据之间的关系不必确定，常把一个实体的所有信息存放在一个表中。当检索数据时，通过连接操作查询出存放在多个表中的不同实体的信息。连接操作给用户带来了很大的灵活性，可以在任何时候增加新的数据类型，为不同实体创建新的表，然后通过连接进行查询。

连接查询包括交叉连接查询、内连接查询、外连接查询。

1. 交叉连接查询

交叉连接又称为笛卡尔积，返回的结果是被连接的两个表中所有数据行的笛卡尔积，即行数的乘积。其语法为：

```
SELECT * from A CROSS JOIN B;
```

或者

```
SELECT * from A,B;
```

它查询的是两个表相乘的结果，如果左边 A 表有 m 条记录，右边 B 表有 n 条记录，则查询 m * n 条记录。

交叉连接后的结果集就是 A 表每条记录和 B 表每条记录组合形成的结果集。

另外，交叉连接的表数据不得为空，假如交叉连接的某个表中没有数据，那么整体返回的结果集就是空的。

以卖家表和商品表为例，看一下交叉连接的查询结果。这里重新建立这两个表，先不建立外键约束，并且向两个表中插入若干条数据，如图 5-3-1 和图 5-3-2 所示。

```
mysql> select * from 卖家表;
+----+------+--------+--------------------------+-------------+
| id | 姓名 | 密码   | 地址                     | 电话        |
+----+------+--------+--------------------------+-------------+
|  1 | 小红 | wmj123 | 辽阳市白塔区南文化小区   | 12302482367 |
|  2 | 小绿 | gcl456 | 沈阳市铁西区逸夫小区     | 12304195058 |
|  3 | 小黄 | lcq789 | 大连市甘井子区福居小区   | 12304191278 |
+----+------+--------+--------------------------+-------------+
```

图 5-3-1　查看卖家表中所有数据

```
mysql> select * from 商品表;
+----+--------+------+------+----------+
| id | 名称   | 价格 | 库存 | 卖家主键 |
+----+--------+------+------+----------+
|  1 | 糖果a  |   13 | 1000 |        1 |
|  2 | 糖果b  |   20 |  500 |        1 |
|  3 | 饮料c  |   15 |  200 |        2 |
|  4 | 饮料d  |   13 |  100 |        3 |
|  5 | 饮料   |   13 |  200 |        1 |
|  6 | 小饮料 |   10 |  280 |        2 |
|  7 | 果汁饮 |    8 |  120 |        3 |
|  8 | 饮料c  |   15 |  100 |        2 |
|  9 | 饮料d  |   13 |   50 |        3 |
+----+--------+------+------+----------+
9 rows in set (0.02 sec)
```

图 5-3-2　查看商品表中所有数据

通过 select 语句完成交叉连接，最终得到笛卡尔积结果，如图 5-3-3 所示。可以看到，这里包含了大量错误的数据。

```
mysql> select * from 卖家表,商品表;
+----+------+--------+--------------------------+-------------+----+--------+------+------+----------+
| id | 姓名 | 密码   | 地址                     | 电话        | id | 名称   | 价格 | 库存 | 卖家主键 |
+----+------+--------+--------------------------+-------------+----+--------+------+------+----------+
|  1 | 小红 | wmj123 | 辽阳市白塔区南文化小区   | 12302482367 |  1 | 糖果a  |   13 |  500 |        1 |
|  2 | 小绿 | gcl456 | 沈阳市铁西区逸夫小区     | 12304195058 |  1 | 糖果a  |   13 |  500 |        1 |
|  3 | 小黄 | lcq789 | 大连市甘井子区福居小区   | 12304191278 |  1 | 糖果a  |   13 |  500 |        1 |
|  1 | 小红 | wmj123 | 辽阳市白塔区南文化小区   | 12302482367 |  2 | 糖果b  |   20 |  500 |        1 |
|  2 | 小绿 | gcl456 | 沈阳市铁西区逸夫小区     | 12304195058 |  2 | 糖果b  |   20 |  500 |        1 |
|  3 | 小黄 | lcq789 | 大连市甘井子区福居小区   | 12304191278 |  2 | 糖果b  |   20 |  500 |        1 |
|  1 | 小红 | wmj123 | 辽阳市白塔区南文化小区   | 12302482367 |  3 | 饮料c  |   15 |  500 |        2 |
|  2 | 小绿 | gcl456 | 沈阳市铁西区逸夫小区     | 12304195058 |  3 | 饮料c  |   15 |  500 |        2 |
|  3 | 小黄 | lcq789 | 大连市甘井子区福居小区   | 12304191278 |  3 | 饮料c  |   15 |  500 |        2 |
|  1 | 小红 | wmj123 | 辽阳市白塔区南文化小区   | 12302482367 |  4 | 饮料d  |   13 |  500 |        2 |
|  2 | 小绿 | gcl456 | 沈阳市铁西区逸夫小区     | 12304195058 |  4 | 饮料d  |   13 |  500 |        2 |
|  3 | 小黄 | lcq789 | 大连市甘井子区福居小区   | 12304191278 |  4 | 饮料d  |   13 |  500 |        2 |
|  1 | 小红 | wmj123 | 辽阳市白塔区南文化小区   | 12302482367 |  5 | 饮料   |   13 |  500 |        1 |
|  2 | 小绿 | gcl456 | 沈阳市铁西区逸夫小区     | 12304195058 |  5 | 饮料   |   13 |  500 |        1 |
|  3 | 小黄 | lcq789 | 大连市甘井子区福居小区   | 12304191278 |  5 | 饮料   |   13 |  500 |        1 |
|  1 | 小红 | wmj123 | 辽阳市白塔区南文化小区   | 12302482367 |  6 | 小饮料 |   10 |  500 |        2 |
|  2 | 小绿 | gcl456 | 沈阳市铁西区逸夫小区     | 12304195058 |  6 | 小饮料 |   10 |  500 |        2 |
|  3 | 小黄 | lcq789 | 大连市甘井子区福居小区   | 12304191278 |  6 | 小饮料 |   10 |  500 |        2 |
|  1 | 小红 | wmj123 | 辽阳市白塔区南文化小区   | 12302482367 |  7 | 果汁饮 |    8 |  500 |        2 |
|  2 | 小绿 | gcl456 | 沈阳市铁西区逸夫小区     | 12304195058 |  7 | 果汁饮 |    8 |  500 |        2 |
|  3 | 小黄 | lcq789 | 大连市甘井子区福居小区   | 12304191278 |  7 | 果汁饮 |    8 |  500 |        2 |
+----+------+--------+--------------------------+-------------+----+--------+------+------+----------+
21 rows in set (0.00 sec)
```

图 5-3-3　交叉连接查询

2. 内连接查询

内连接 INNER JOIN，又称为简单连接或自然连接，其使用比较运算符对两个表中的数据进行比较，列出与连接条件匹配的数据行，组合成新的记录。

其语法为：

```
select 查询字段 from 表1 inner join 表2 on 表1.关系字段 = 表2.关系字段;
```

内连接查询出左边表1有且右边表2也有的记录。

inner join 子句是 select 语句的可选部分，它出现在 from 子句之后。

在使用 inner join 子句之前，必须指定以下条件：

首先，在 from 子句中指定主表。

其次，表中要连接的主表应该出现在 inner join 子句中。从理论上说，可以连接多个其他表，但是为了获得更好的性能，应该限制要连接的表的数量（最好不要超过3个表）。

最后，连接条件或连接谓词。连接条件出现在 inner join 子句的 on 关键字之后。连接条件是将主表中的行与其他表中的行进行匹配的规则。

例如，要查询每个已经卖出的商品的卖家情况，具体查询语句为：

```
select *from 卖家表 inner join 商品表 on 卖家表 .id=商品表 . 卖家主键;
```

查询结果如图5-3-4所示。

```
mysql> select * from 卖家表 inner join 商品表 on 卖家表.id=商品表.卖家主键;
+----+------+--------+--------------------------+-------------+----+--------+------+------+----------+
| id | 姓名 | 密码   | 地址                     | 电话        | id | 名称   | 价格 | 库存 | 卖家主键 |
+----+------+--------+--------------------------+-------------+----+--------+------+------+----------+
|  1 | 小红 | wmj123 | 辽阳市白塔区南文化小区   | 12302482367 |  1 | 糖果a  |   13 |  500 |        1 |
|  1 | 小红 | wmj123 | 辽阳市白塔区南文化小区   | 12302482367 |  2 | 糖果b  |   20 |  500 |        1 |
|  1 | 小红 | wmj123 | 辽阳市白塔区南文化小区   | 12302482367 |  5 | 饮料   |   13 |  500 |        1 |
|  2 | 小绿 | gcl456 | 沈阳市铁西区逸夫小区     | 12304195058 |  3 | 饮料c  |   15 |  500 |        2 |
|  2 | 小绿 | gcl456 | 沈阳市铁西区逸夫小区     | 12304195058 |  4 | 饮料d  |   13 |  500 |        2 |
|  2 | 小绿 | gcl456 | 沈阳市铁西区逸夫小区     | 12304195058 |  6 | 小饮料 |   10 |  500 |        2 |
|  2 | 小绿 | gcl456 | 沈阳市铁西区逸夫小区     | 12304195058 |  7 | 果汁饮 |    8 |  500 |        2 |
+----+------+--------+--------------------------+-------------+----+--------+------+------+----------+
7 rows in set (0.00 sec)
```

图5-3-4　内连接查询

查询结果中包括了卖家表有且商品表也有的记录。

3. 外连接查询

内连接的查询结果都是满足连接条件的元组。但有时也希望输出那些不满足连接条件的元组信息。比如，想知道每个卖家卖出商品的情况，包括已经卖出商品的卖家，这部分卖家的 id 在卖家表中有，在商品表中也有，是满足连接条件的；也包括没有卖出商品的卖家，这部分卖家的 id 在卖家表中有，但在商品表中没有，不满足连接条件，这时需要使用外连接。外连接是只限制一个表中的数据必须满足连接条件，而另一个表中的数据可以不满足连接条件的连接方式。

外连接方式一般有两种：左外连接、右外连接。

1）左外连接查询

其语法为：

```
select 所查字段 from 表 1 left |right join 表 2 on 表 1. 关系字段 = 表 2. 关系字段 where 条件;
```

其中，左外连接的结果包括 left join 子句中指定的左表的所有记录和所有满足连接条件的记录。如果左表的某条记录在右表中不存在，则在右表中显示为空。

例如，查询所有卖家卖出商品的情况，包括已经卖出商品的卖家和还没有卖出商品的卖家。

这里先修改一条记录：

把商品表中饮料 d 的卖家由小黄改为小绿，这样小黄就变成了没有卖出商品的卖家。

结果如图 5-3-5 所示。

```
mysql> update 商品表 set 卖家主键=2 where 名称='饮料d';
Query OK, 2 rows affected (0.00 sec)
Rows matched: 2  Changed: 2  Warnings: 0
```

图 5-3-5　修改数据

接下来完成左外连接查询，语句为：

```
select *from 卖家表 left join 商品表 on 卖家表 .id=商品表 . 卖家主键;
```

查询结果如图 5-3-6 所示。

```
mysql> select * from 卖家表 left join 商品表 on 卖家表.id=商品表.卖家主键;
```

id	姓名	密码	地址	电话	id	名称	价格	库存	卖家主键
1	小红	wmj123	辽阳市白塔区南文化小区	12302482367	1	糖果a	13	500	1
1	小红	wmj123	辽阳市白塔区南文化小区	12302482367	2	糖果b	20	500	1
1	小红	wmj123	辽阳市白塔区南文化小区	12302482367	5	饮料	13	500	1
2	小绿	gcl456	沈阳市铁西区逸夫小区	12304195058	3	饮料c	15	500	2
2	小绿	gcl456	沈阳市铁西区逸夫小区	12304195058	4	饮料d	13	500	2
2	小绿	gcl456	沈阳市铁西区逸夫小区	12304195058	6	小饮料	10	500	2
2	小绿	gcl456	沈阳市铁西区逸夫小区	12304195058	7	果汁饮	8	500	2
3	小黄	lcq789	大连市甘井子区福居小区	12304191278	NULL	NULL	NULL	NULL	NULL

```
8 rows in set (0.00 sec)
```

图 5-3-6　左外连接查询

这样左端卖家表中的所有元组的信息都得到了保留；在右端商品表中，没能找到匹配的元组，那么对应的元组是空值 NULL。2）右外连接查询

右外连接与左外连接正好相反，返回右表中所有指定的记录和所有满足连接条件的记录。如果右表的某条记录在左表中没有匹配，则左表将返回空值。

为了显示出右边连接查询的效果，先在商品表中插入一条数据，如图 5-3-7 所示。

```
mysql> insert into 商品表 values(10,'饮料e',5,300,4);
Query OK, 1 row affected (0.00 sec)
```

图 5-3-7　插入一条数据

下面，同上例内容，完成右外连接查询，语句为：

```
select *from 卖家表 right join 商品表 on 卖家表 .id=商品表 . 卖家主键;
```

查询结果如图 5-3-8 所示。

mysql> select * from 卖家表 right join 商品表 on 卖家表.id=商品表.卖家主键;

id	姓名	密码	地址	电话	id	名称	价格	库存	卖家主键
1	小红	wmj123	辽阳市白塔区南文化小区	12302482367	1	糖果a	13	500	1
1	小红	wmj123	辽阳市白塔区南文化小区	12302482367	2	糖果b	20	500	1
2	小绿	gcl456	沈阳市铁西区逸夫小区	12304195058	3	饮料c	15	500	2
2	小绿	gcl456	沈阳市铁西区逸夫小区	12304195058	4	饮料d	13	500	2
1	小红	wmj123	辽阳市白塔区南文化小区	12302482367	5	饮料	13	500	1
2	小绿	gcl456	沈阳市铁西区逸夫小区	12304195058	6	小饮料	10	500	2
2	小绿	gcl456	沈阳市铁西区逸夫小区	12304195058	7	果汁饮	8	500	2

7 rows in set (0.00 sec)

图 5-3-8　右外连接查询

这样右端商品表中的所有元组的信息都得到了保留;在左端卖家表中,没能找到匹配的元组,那么对应的元组是空值 NULL。

思考与总结

1. 交叉查询是内连接查询和外连接查询的基础。
2. 内连接查询是左外连接查询和右外连接查询的基础。

实训演练

创建两个数据表:部门表和员工表。

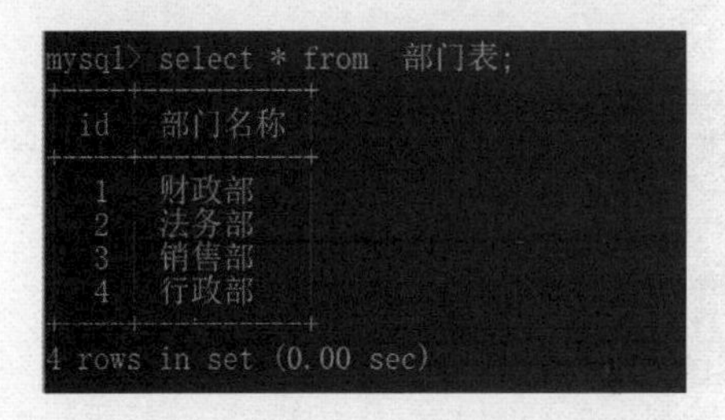
mysql> select * from 部门表;

id	部门名称
1	财政部
2	法务部
3	销售部
4	行政部

4 rows in set (0.00 sec)

mysql> select * from 员工表;

id	姓名	部门编号
1	王博	1
2	李乐	1
3	张一	2
4	于伟	4
5	王英	5

5 rows in set (0.00 sec)

1. 对两个数据表进行内连接查询。
2. 对两个数据表进行左外连接查询,查出所有部门里的员工名称。
3. 对两个数据表进行右外连接查询,查出所有员工所属的部门名称。

网站数据表的子查询

第 4 节　子 查 询

子查询是指一个查询语句嵌套在另一个查询语句内部的查询,它可以嵌套在一个 select、select…into 语句、insert…into 语句等中。在执行查询语句时,首先会执行子查询中的语句,然后将返回的结果作为外层查询的过滤条件。在子查询中,通常可以使用 in、exists、any、all 操作符。本节将详细讲解这些带有不同操作符的子查询。

1. 带 in 关键字的子查询

使用 in 关键字进行子查询时,内层查询语句仅仅返回一个数据列,这个数据列中的值将供外层查询语句进行比较操作。

例如,查询存在商品价格大于等于 10 元的卖家 id 和姓名,SQL 语句如下:

```
select id,姓名 from 卖家表 where id in(select 卖家主键 from 商品表 where 价格>=10);
```

查询结果如图 5-4-1 所示。

```
mysql> select id,姓名 from 卖家表 where id in(select 卖家主键 from 商品表 where 价格>=10);
+----+------+
| id | 姓名 |
+----+------+
|  1 | 小红 |
|  2 | 小绿 |
+----+------+
2 rows in set (0.00 sec)
```

图 5-4-1　带 in 关键字的子查询

2. 带 exists 关键字的子查询

exists 关键字后面的参数可以是任意一个子查询,这个子查询的作用相当于测试,它不产生任何数据,只返回 TRUE 或 FALSE,当返回值为 TRUE 时,外层查询才会执行。

例如,查询商品表中是否存在价格大于 10 元的商品,如果存在,则查询卖家表中的所有记录,SQL 语句是"select * from 卖家表 where exists(select 卖家主键 from 商品表 where 价格>10);",查询结果如图 5-4-2 所示。因为在商品表中存在价格大于 10 元的商品,所以会查询出卖家表中的所有记录。

```
mysql> select * from 卖家表 where exists (select 卖家主键 from 商品表 where 价格>10);
+----+------+--------+----------------------------+-------------+
| id | 姓名 | 密码   | 地址                       | 电话        |
+----+------+--------+----------------------------+-------------+
|  1 | 小红 | wmj123 | 辽阳市白塔区南文化小区     | 12302482367 |
|  2 | 小绿 | gcl456 | 沈阳市铁西区逸夫小区       | 12304195058 |
|  3 | 小黄 | lcq789 | 大连市甘井子区福居小区     | 12304191278 |
+----+------+--------+----------------------------+-------------+
3 rows in set (0.00 sec)
```

图 5-4-2　带 exists 关键字的子查询

3. 带 any 关键字的子查询

any 关键字表示满足其中任意一个条件,它允许创建一个表达式对子查询的返回值列表进行比较,只要满足内层子查询中的任意一个比较条件,就返回一个结果作为外层查询条件。

例如,使用带 any 关键字的子查询来查询满足条件的卖家,SQL 语句如下:

```
select *from 卖家表 where id>any(select 卖家主键 from 商品表);
```

查询结果如图 5-4-3 所示。因为在卖家表里 id 为 1 的记录不比商品表中任何一个卖家主键大,所以它不满足条件,其他数据都能找到 id 大于卖家主键的记录。

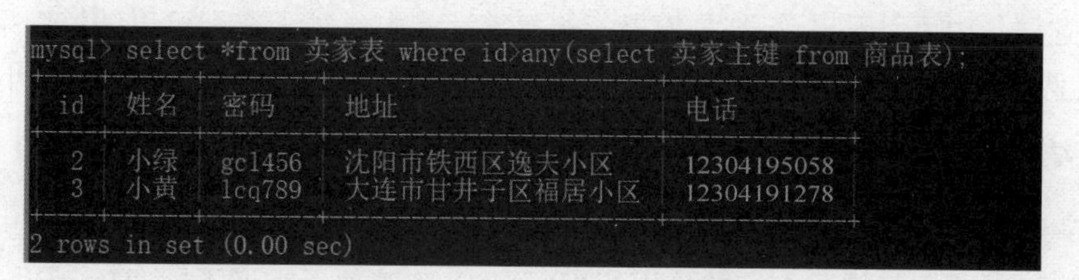

```
mysql> select *from 卖家表 where id>any(select 卖家主键 from 商品表);
+----+------+--------+--------------------------+-------------+
| id | 姓名 | 密码   | 地址                     | 电话        |
+----+------+--------+--------------------------+-------------+
|  2 | 小绿 | gc1456 | 沈阳市铁西区逸夫小区     | 12304195058 |
|  3 | 小黄 | lcq789 | 大连市甘井子区福居小区   | 12304191278 |
+----+------+--------+--------------------------+-------------+
2 rows in set (0.00 sec)
```

图 5-4-3 带 any 关键字的子查询

4. 带 all 关键字的子查询

all 关键字与 any 有点相似,只不过带 all 关键字的子查询返回的结果需同时满足所有内层查询条件。

例如,使用带 all 关键字的子查询来查询满足条件的商品,SQL 语句如下:

```
select * from 商品表 where 卖家主键>all(select id from 卖家表);
```

查询结果如图 5-4-4 所示。上述语句在执行的过程中,首先子查询会将卖家表中的所有 id 查询出来,分别为 1、2、3,然后将商品表中卖家主键的值与之进行比较,只有大于 id 的所有值才是符合条件的查询结果,由于只有饮料 e 的卖家主键为 4,大于卖家表中的所有 id,因此,最终查询结果为饮料 e。

```
mysql> select *from 商品表 where 卖家主键>all (select id from 卖家表);
+----+-------+------+------+----------+
| id | 名称  | 价格 | 库存 | 卖家主键 |
+----+-------+------+------+----------+
| 10 | 饮料e |    5 |  300 |        4 |
+----+-------+------+------+----------+
1 row in set (0.00 sec)
```

图 5-4-4 带 all 关键字的子查询

5. 带比较运算符的子查询

在前面讲解的 any 关键字和 all 关键字的子查询中,使用了“>”“>=”比较运算符,子查询中还可以使用其他比较运算符,如“<”“=”“!=”等。

例如,使用带比较运算符的子查询来查询糖果 a 是哪个卖家的商品,SQL 语句如下:

```
select * from 卖家表 where id=(select 卖家主键 from 商品表 where 名称='糖果 a');
```

查询结果如图 5-4-5 所示。

```
mysql> select *from 卖家表 where id=(select 卖家主键 from 商品表 where 名称='糖果a');
+----+------+--------+--------------------------+-------------+
| id | 姓名 | 密码   | 地址                     | 电话        |
+----+------+--------+--------------------------+-------------+
|  1 | 小红 | wmj123 | 辽阳市白塔区南文化小区   | 12302482367 |
+----+------+--------+--------------------------+-------------+
1 row in set (0.00 sec)
```

图 5-4-5 带比较运算符的子查询

从上述语句中可以看出,小红是糖果 a 的卖家。首先通过子查询可以知道糖果 a 的卖家主键为 1,然后将这个卖家主键作为外层查询条件,最后可以知道糖果 a 的卖家是小红。

思考与总结

1. 子查询可以是两层嵌套子查询,也可以是三层嵌套子查询。

2. 带 exists 关键字的子查询的作用相当于测试,与其他子查询不同,它不产生任何数据,只返回 TRUE 或 FALSE,当返回值为 TRUE 时,外层查询才会执行。

实训演练

创建两个数据表:部门表和员工表。

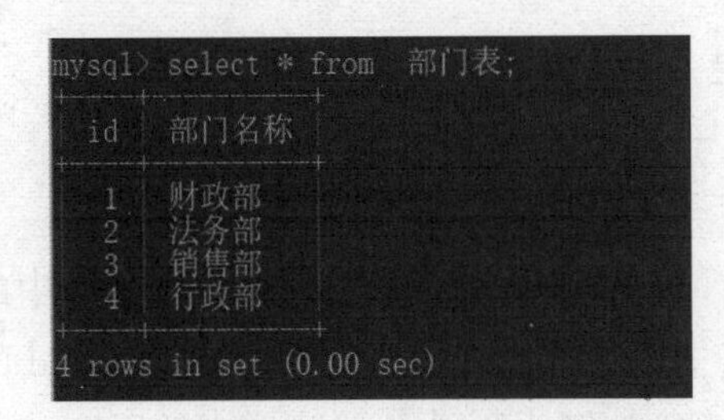

mysql> select * from 部门表;

id	部门名称
1	财政部
2	法务部
3	销售部
4	行政部

4 rows in set (0.00 sec)

mysql> select * from 员工表;

id	姓名	age	部门编号
1	王博	20	1
2	李乐	23	1
3	张一	19	2
4	于伟	18	4
5	王英	24	5

5 rows in set (0.00 sec)

1. 查询年龄大于 21 岁的员工所对应的部门信息。

2. 采用子查询方式查询与王博在同一个部门的员工。

本章小结

本章学习了多表查询,多表查询是数据查询中最常见的操作。多表查询的关键是确定表之间的关系,两个数据表有 4 种关系,确定关系后,分清主、从表,然后在从表上创建外键约束,MySQL 就会对两个数据表进行监测和保护,从而不会出现冗余数据和错误数据。连接查询中,内连接查询是基础,左外连接查询和右外连接查询只需在内连接查询中修改一个单词即可实现。子查询有多种情况,方便用户从两个表中查到有用的数据。

拓展作业

题目:

1. 在商品表和卖家表中,查出卖家小红卖了哪些商品。

2. 在商品表和卖家表中,查出饮料 d 的卖家是谁。

难度:难。

第 6 章 电子商务网站数据的呈现

知识目标

1. 了解视图的组成与优点。
2. 学会在单表和多表上创建视图。
3. 学会查看与修改视图的方法。
4. 掌握更新与删除视图的方法。

素养目标

了解视图在数据库中的作用。在电子商务网站中,视图隐藏了底层的表结构,简化了数据访问操作,为电子商务网站提供了便利。

直观了解视图

第 1 节 视图的创建

视图可以简化复杂的查询操作,将基本表中的数据进行适当的封装和整理,使用户可以轻松地使用视图进行查询,而无须了解基本表的结构和复杂的查询语句。此外,视图还可以起到保护基本表的作用,只允许用户查看和修改视图中指定的字段,而不会直接影响基本表中的数据,确保了数据的安全性和一致性。视图是数据库设计中非常重要的一部分,能够提高数据库的可用性和灵活性。

在 MySQL 中,视图(View)是一个虚拟表,其内容由查询定义。从本质上讲,视图只是一个保存了 SQL 查询的命名别名,当引用视图时,会动态生成并显示数据。视图不存储实际数据,它们只是基于数据库中的表数据的逻辑展现。

在之前的操作中,数据表都是真实存在的表,可称为基础表。下面将针对数据库中视图的创建方法进行详细操作。

视图是从基本表中导出来的表,可以使用与操作基本表同样的方式来操作视图。通过视图不仅可以看到存放在基本表中的数据,还可以与操作基本表一样,对视图中存放的数据进行查询、修改和删除。与直接操作基本表相比,视图具有以下优点:

(1)简化复杂的 SQL 操作。

通过视图,用户可以将复杂的 SQL 查询封装起来,使查询更加简单和直观。视图不仅可以简化用户对数据的理解,也可以简化对数据的操作。日常应用中,可以将经常使用的查询定义为视图,从而避免大量重复的操作。

(2)安全性。

通过视图,用户只能查询和修改相应的数据,数据库中的其他数据则读取不到。数据库授权命令可以使每个用户对数据库的检索限制到特定的数据库对象上,但不能授权到数据库特定行和特定列上。

【提示】安全,是大家共同的话题,计算机、数据库的安全性也非常重要,由于互联网大量的用户数据存储在数据库中,可见安全的重要性。非法窃取、破坏、诈骗都可能会导致巨大的损失,所以要为建设高性能数据安全而努力。

(3)逻辑数据独立性。

视图提供了一个逻辑层,在不改变底层数据结构的情况下,可以更改数据的展现方式。

(4)注意事项。

- 性能:因为视图是动态生成的,所以,复杂的视图可能会影响性能。
- 更新:不是所有的视图都是可更新的。某些复杂的视图可能不支持 INSERT、UPDATE 和 DELETE 操作。
- 依赖性:如果基础表的结构改变,视图可能也需要相应地改变。
- 权限:创建视图需要适当的权限,并且用户需要具有查询基础表的权限才能查询视图。

在操作数据库时,由于视图是在基本表上建立的表,它的结构和数据都来自基本表,因此,诸如更新数据等操作,都可以在视图上进行。

创建视图的具体方法如下:

(1)在 MySQL 中,创建视图需要使用 CREATE VIEW 语句,它的基本语法为:

```
CREATE [OR REPLACE] [ALGORITHM = {UNDEFINED | MERGE | TEMPTABLE}]
VIEW 视图名称 [(字段列表)]
AS 查询语句 [WITH [CASCADED | LOCAL] CHECK OPTION]
```

上述语法中,创建视图的语句是由多条子句构成的。具体语句命令及含义见表 6-1-1。

表 6-1-1　语句命令及含义

语句命令	表示的含义
CREATE	表示创建视图的关键字
OR REPLACE	是可选项,表示该语句能够替换已有视图
ALGORITHM	可选,表示视图选择的算法,它有 3 个值:UNDEFINED、MERGE 和 TEMPTABLE,默认为 UNDEFINED 在这 3 个值中,UNDEFINED 表示 MySQL 将自动选择所要使用的算法。MERGE 使视图定义的某一部分取代语句的对应部分。TEMPTABLE 表示将视图的结果存入临时表,然后使用临时表执行语句
视图名称	表示要创建的视图名称
字段列表	可选,表示属性清单,默认情况下,与 select 语句中查询的属性相同
AS	表示指定视图要执行的操作

续表

语句命令	表示的含义
查询语句	表示从某个表或视图中查出满足条件的记录,并导入视图中
WITH CHECK OPTION	可选,表示创建视图时要保证在该视图的权限范围之内
CASCADED	需要满足跟该视图有关的所有相关视图和表的条件,该参数为默认值
LOCAL	可选。表示创建视图时,只要满足该视图本身定义的条件即可

(2)创建视图的基本语法:

```
CREATE VIEW view_name AS
SELECT column1,column2,…
FROM table_name
WHERE condition;
```

创建视图时,指定列名:

```
CREATE VIEW view_name(column1,column2,…)
AS SELECT column1,column2,…
FROM table_name
WHERE condition;
```

创建视图时,使用 JOIN 操作获取数据:

```
CREATE VIEW view_name AS
SELECT column1,column2,…
FROM table1
JOIN table2 ON condition
WHERE condition;
```

创建视图时,使用子查询获取数据:

```
CREATE VIEW view_name AS
SELECT column1,column2,…
FROM(
  SELECT column1,column2,…
  FROM table_name
  WHERE condition
)AS temp_table;
```

创建视图时,与其他视图进行关联:

```
CREATE VIEW view_name AS
SELECT column1,column2,…
FROM view1
JOIN view2 ON condition
WHERE condition;
```

创建视图时,使用聚合函数进行计算:

```
CREATE VIEW view_name AS
SELECT column1,SUM(column2)AS total
FROM table_name
GROUP BY column1;
```

注意:视图是一个虚拟表,由查询结果定义,并不存储实际的数据。创建视图语句应该放在 MySQL 的一个会话中,并根据具体的表结构和查询需求进行适当的修改。

需要特别说明的是,视图属于数据库,默认情况下,将在当前数据库中创建新视图,要想在给定数据库中明确创建视图,创建时应将名称指定为:

```
数据库名 . 视图名
```

下面通过具体案例来学习如何在单表上创建视图。

【例】假设创建一个名为 Employees 的表,其语法结构如下:

```
CREATE TABLE Employees(
    id INT AUTO_INCREMENT PRIMARY KEY,
    first_name VARCHAR(50),
    last_name VARCHAR(50),
    age INT,
    department VARCHAR(50)
);
```

在表 6-1-1 的基础上,创建一个视图,显示所有年龄超过 30 岁的员工,SQL 语句为:

```
CREATE VIEW older_employees AS
SELECT first_name,last_name,age,department
FROM employees
WHERE age > 30;
```

【例】在商品表上创建一个包含商品名称、价格和库存的视图。

SQL 语句如下:

```
create view view_sp as select 名称,价格,库存 from 商品表;
```

通过使用“select * from view_sp;”语句查询视图中的数据,查询结果如图 6-1-1 所示。

【例】在商品表上创建一个包含商品名称、价格和库存的视图,并自定义字段名称。

SQL 语句如下:

```
create view view_sp2(商品名,单价,库存量)as select 名称,价格,库存 from 商品表;
```

同样,也通过 select 语句进行查询,查询结果如图 6-1-2 所示。

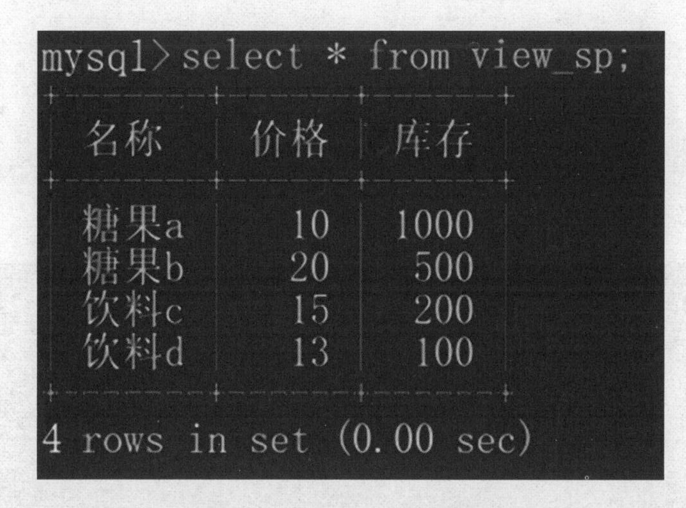

```
mysql> select * from view_sp;
+--------+------+------+
| 名称   | 价格 | 库存 |
+--------+------+------+
| 糖果a  |   10 | 1000 |
| 糖果b  |   20 |  500 |
| 饮料c  |   15 |  200 |
| 饮料d  |   13 |  100 |
+--------+------+------+
4 rows in set (0.00 sec)
```

图 6-1-1 查看 view_sp 创建视图结果

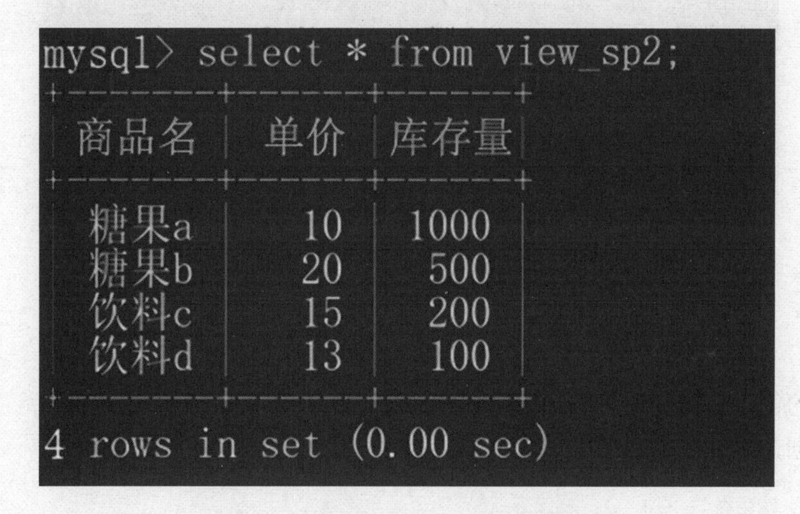

```
mysql> select * from view_sp2;
+--------+------+--------+
| 商品名 | 单价 | 库存量 |
+--------+------+--------+
| 糖果a  |   10 |   1000 |
| 糖果b  |   20 |    500 |
| 饮料c  |   15 |    200 |
| 饮料d  |   13 |    100 |
+--------+------+--------+
4 rows in set (0.00 sec)
```

图 6-1-2 查看 view_sp2 创建视图结果

从查询结果可以看出,虽然 view_sp 和 view_sp2 两个视图中的字段名称不同,但是显示出的数据却是相同的。这是因为这两个视图引用的是同一个表中的数据,并且创建视图的 as select 条件语句相同。

在实际应用中,用户可以根据需要通过使用视图的方式获取基本表中自己需要的数据,这样既能满足用户的需求,也不需要破坏基本表原来的结构,从而保证了基本表中数据的安全性。

在 MySQL 中,除了可以在单表上创建视图外,还可以在两个或者两个以上的基本表上创建视图。下面通过具体案例来看看如何在多表上创建视图。

【例】在卖家表、商品表上创建一个包含商品名、单价、库存量和卖家的视图。

SQL 语句如下:

```
create view view_sp3(商品名,单价,库存量,卖家)
as
select 商品表.名称,商品表.价格,商品表.库存,卖家表.姓名 from 商品表,卖家表
where 商品表.卖家主键=卖家表.id;
```

通过 select 语句查看 view_sp3 视图,查询结果如图 6-1-3 所示。

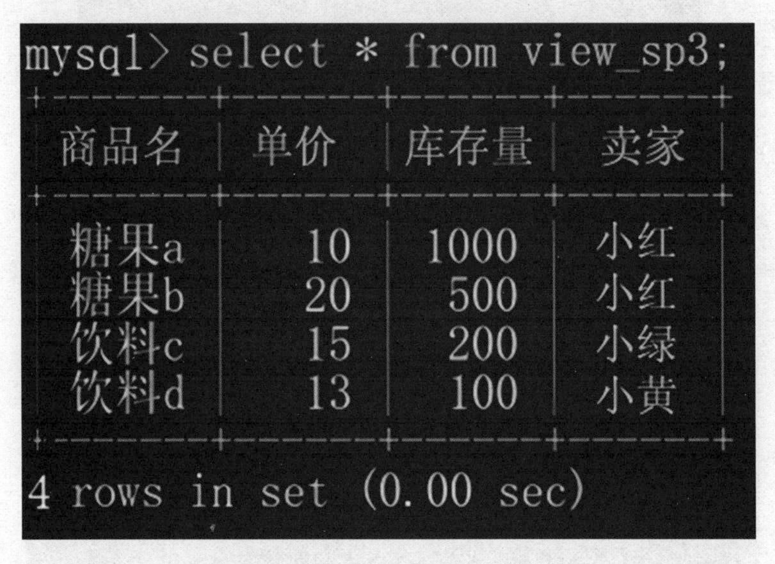

```
mysql> select * from view_sp3;
+--------+--------+--------+--------+
| 商品名 | 单价   | 库存量 | 卖家   |
+--------+--------+--------+--------+
| 糖果a  |     10 |   1000 | 小红   |
| 糖果b  |     20 |    500 | 小红   |
| 饮料c  |     15 |    200 | 小绿   |
| 饮料d  |     13 |    100 | 小黄   |
+--------+--------+--------+--------+
4 rows in set (0.00 sec)
```

图 6-1-3　查看 view_sp3 创建视图结果

思考与总结

1. 视图的创建是在基本表的基础上完成的。
2. 可以创建单表视图,也可以创建多表视图。

实训演练

1. 创建视图 product_price_view,包含商品名、库存量和卖家。

在 MySQL 中,可以使用以下语句来创建一个包含商品名、库存量和卖家的视图,语句如下:

```
CREATE VIEW product_price_view AS
SELECT p.product_name,i.stock_count,s.seller_name
FROM products p
JOIN inventory i ON p.product_id = i.product_id
JOIN sellers s ON p.seller_id = s.seller_id;
```

这个视图会从 3 个表中连接数据,分别是 products、inventory 和 sellers。可以根据实际表结构和字段名进行调整。

2. 创建包含商品名称、价格的视图,并自定义字段名称。

在上题的基础之上,创建一个包含商品名称、价格的视图,自定义字段名称为 product_

price_view，语句如下：

```
CREATE VIEW product_price_view AS
SELECT product_name AS "商品名称",price AS "商品价格"
FROM products;
```

注意：

上述代码中的“products”和“sellers”分别是存储商品和卖家信息的表名。

3. 单表视图的创建。

单表视图是在一个基本表的基础上创建的视图。可以通过以下语法来创建单表视图：

```
CREATE VIEW view_name AS
SELECT column1,column2,…
FROM table_name
WHERE condition;
```

其中，view_name 是视图的名称；column1，column2，…是视图中包含的列名；table_name 是基本表的名称；condition 是视图中的条件。通过这样的语法，可以根据需要提取基本表中的特定列和行来创建视图。

4. 多表视图的创建。

多表视图是在多个基本表的基础上创建的视图。可以通过以下语法来创建多表视图：

```
CREATE VIEW view_name AS
SELECT column1,column2,…
FROM table1
JOIN table2 ON condition1
JOIN table3 ON condition2
…
WHERE condition;
```

其中，table1，table2，table3，…是参与多表关联的基本表；condition1，condition2，…是关联条件。使用多表关联的方式，可以根据基本表之间的关联关系来创建视图。

需要注意的是，视图中的查询语句可以包含各种复杂的逻辑和条件，以满足对数据的特定需求。同时，视图的创建只是逻辑上的操作，并不实际存储任何数据，视图的数据是从其基本表中动态生成的。

在创建视图后，可以使用类似于基本表的方式对其进行查询和操作，从而方便地获取和处理数据。视图可以简化复杂查询的编写，并提高数据的可读性和可维护性。

第 2 节　查看与修改视图

查看与修改视图

1. 查看视图

将视图创建好后，需要进行查看视图和修改视图操作。

查看视图有三种方法。

第一种方法:查看视图的字段信息。在查看基本表中的字段信息时,使用 desc 表名的方法。

在视图中,也使用 desc 关键字段查看视图的字段信息。

可以使用 show 命令来查看数据库中所有的视图。

输入以下命令来查看指定视图的结构:

```
DESCRIBE <view_name>;
```

其中,view_name 是要查看的视图的名称。执行以上命令后,会显示该视图的列名及其数据类型等结果。

【例】利用之前创建好的视图,在商品表上创建一个包含商品名称、价格和库存的视图。

SQL 语句如下:

```
create view view_sp as select 名称,价格,库存 from 商品表;
```

创建成功后,使用以下语句查看视图:

```
show tables;
```

此时,淘淘网数据库下,已经出现了一个新数据表 view_sp。和买家表、卖家表相比,视图只是一个虚拟表,不会占用任何存储空间,而形式上又和基本表类似,可以完全按操作基本表的方法来操作新建的这个虚拟表。

查看这个视图的所有字段信息,语法格式为:

```
desc 视图名;
```

例如,查看视图 view_sp 的字段信息,语句为:

```
desc view_sp;
```

查看结果,如图 6-2-1 所示。

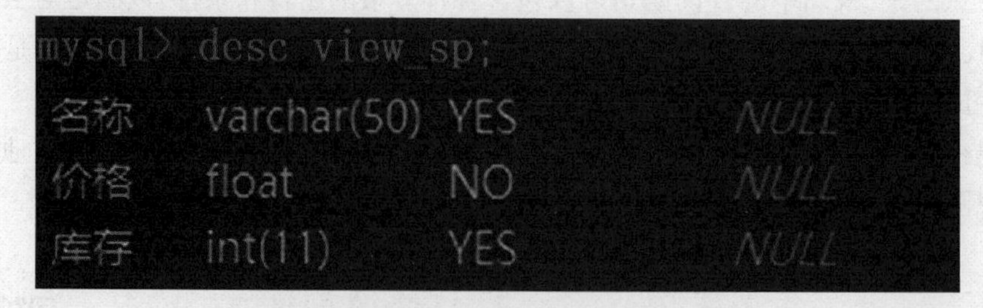

图 6-2-1　查看视图 view_sp 字段信息结果

可以看到有 3 个字段,字段名、数据类型及基本表的 3 个字段完全相同,也就是说,当将基本表的 3 个字段的查询结果定义为一个视图后,这个视图可以供所有用户随时查询,从而避免

了基本表中其他重要的字段信息被泄露，所以，视图的作用是简化查询，以及保护基本表不被随意地查看和修改。

第二种方法：查看视图的状态信息。

通过使用以下 SQL 语句来查看视图 view_sp 的状态信息：

```
show table status like 'view_sp';
```

该语句将会返回视图 view_sp 的状态信息，包括表名、行数、创建时间、更新时间，如图 6-2-2 所示。

Name	Engine	Version	Row format	Rows	Avg row length	Data length	Max data length	Index length	Data free	Auto increment	Create time	Update time	Check time

图 6-2-2　查看视图 view_sp 的状态信息

查询的结果项说明(Comment)的值及存储引擎和数据长度等信息可以非常清楚地显示一个表的状态信息，如果这个表为视图，那么 Comment 的值为 VIEW，存储引擎和数据长度等信息全部为 NULL，说明此表为视图，是虚拟表。

第三种方法：查看视图的定义语句及字符串。与查看基本表的语句一样，使用 SHOW CREATE 语句。

语法格式为：

```
show create view 视图名;
```

例如，查看视图 view_sp 的定义语句，语句为：

```
show create view view_sp;
```

查询结果如图 6-2-3 所示，该视图的字符集编码是 GBK。

View	Create View	character_set_client	collation_connection
view_sp	CREATE ALGORITHM=UNDEFINED DEFINER=`root`@`localho...	gbk_bin	gbk_chinese_ci

图 6-2-3　查看视图 view_sp 的定义语句结果

2. 修改视图

当基本表中的某些字段发生变化时，可以通过修改视图的方式来保持视图与基本表的一致性。修改视图有以下两种方法。

方法一：

使用 CREATE OR REPLACE VIEW 语句修改视图，语法格式如下：

```
CREATE OR REPLACE VIEW 视图名 AS 查询语句;
```

比如，商品表中多增加一个字段生产日期，语句为：

```
ALTER TABLE 商品表 add 生产日期 date default '2022-01-01';
```

修改视图 view_sp,增加这个字段的查询,语句为:

```
CREATE OR REPLACE VIEW view_sp AS select 名称,价格,库存,生产日期 FROM 商品表;
```

执行成功后,使用语句:

```
select * from view_sp;
```

可以看到,视图 view_sp 中从原来的 3 个字段信息变成 4 个字段信息。

使用这种方法修改视图时,如果修改的视图存在,那么该视图会被修改;如果视图不存在,那么将创建一个视图。

方法二:

使用 ALTER 语句修改视图,语法格式是:

```
ALTER VIEW 视图名 AS 查询语句;
```

比如,将商品表中的生产日期字段删除掉,并修改视图 view_sp,使该视图的 4 个字段变为原来的 3 个字段。语句为:

```
ALTER VIEW view_sp AS select 名称,价格,库存 FROM 商品表;
```

执行成功后,使用 select * from view_sp;语句,可以看到,视图 view_sp 中从原来的 4 个字段信息变成 3 个字段信息。

要修改视图的权限,可以使用 GRANT 和 REVOKE 语句。GRANT 语句用于授权给用户或角色访问或修改视图的权限,REVOKE 语句用于撤销已经授权的权限。

【例】要授予用户"user1"修改视图"my_view"的权限,可以使用以下语句:

```
GRANT ALTER VIEW ON database_name.my_view TO user1;
```

要撤销用户"user1"对视图"my_view"的修改权限,可以使用以下语句:

```
REVOKE ALTER VIEW ON database_name.my_view FROM user1;
```

思考与总结

1. 查看视图的三种方法,分别是:create view view_sp as select 名称,价格…;show table status like ' view_sp' 视图名;show create view 视图名。

2. 修改视图的两种方法,分别是:Create or replace view 视图名 as 查询语句;Alter view 视图名 as 查询语句。

3. 需要注意的是,修改视图的操作可能会有一些限制,例如,不能修改视图的结构或使用一些特定的语法。在具体使用过程中,应仔细阅读 MySQL 文档并遵循相应的规范。

实训演练

1. 通过创建好的视图,查询 view 视图的商品名称、价格和库存字段信息。

创建视图，视图将返回所需的商品名称、价格和库存字段信息。

具体语句如下：

```
CREATE VIEW my_view AS
SELECT product_name,price,stock
FROM product_table;
```

上述代码中，将创建一个名为 my_view 的视图，从 product_table 中选择商品名称（product_name）、价格（price）和库存（stock）字段。

视图创建成功后，就可以通过查询该视图来获取商品名称、价格和库存字段信息。

语句为：

```
SELECT product_name,price,stock
FROM my_view;
```

使用 SELECT 语句从 my_view 视图中选择商品名称、价格和库存字段。

通过以上步骤，可以通过查询视图获取商品名称、价格和库存字段的信息。

注意：

视图提供了一个虚拟表，从而能够以更简洁的方式进行查询，而不必每次都编写复杂的查询语句。

2. 分别使用 CREATE OR REPLACE VIEW 和 ALTER 语句修改 view 视图。

使用 CREATE OR REPLACE VIEW 语句修改视图时，将会创建一个新的视图，如果该视图已存在，则会先删除原有的视图。

下面是一个使用 CREATE OR REPLACE VIEW 语句修改视图的例子，语句为：

```
CREATE OR REPLACE VIEW my_view AS
SELECT column1,column2
FROM my_table
WHERE condition;
```

另外，还可以使用 ALTER 语句来修改已经存在的视图。该语句可以用于添加、修改和删除视图的列。

下面是一个使用 ALTER 语句修改视图的例子，语句为：

```
ALTER VIEW my_view
AS
SELECT column1,column2,column3
FROM my_table
WHERE condition;
```

这将会向已有的视图 my_view 中添加一个新的列 column3。

无论是使用 CREATE OR REPLACE VIEW 还是 ALTER 语句来修改视图，都需要具有足够的权限才能够执行这些操作。

第 3 节 更新与删除视图

更新与删除视图

1. 更新视图

对视图的操作有创建、查看、修改,以及更新和删除。更新视图的本质就是更新基本表,因为视图是一个虚拟表,其中没有数据,当通过视图更新数据时,其实就是在更新基本表中的数据。

更新视图是指通过视图来更新、插入、删除基本表中的数据。对视图中的数据进行增加或者删除操作,实际上就是对其基本表中的数据进行增加或者删除操作。

更新视图有以下 3 种方法。

(1)使用 UPDATE 语句更新视图。

```
UPDATE my_view
SET column1 = 'value1',column2 = 'value2'
WHERE condition;
```

上述语句中,my_view 是要更新的视图的名称。column1 和 column2 是视图中要更新的列的名称。value1 和 value2 是要设置的新值。condition 是一个可选的条件,用于指定要更新的行。

注意:

对视图的更新实际上是对基础表的更新,因此,视图中的更新操作需要满足以下条件:

视图必须基于单个表。如果视图基于多个表,则无法使用 update 语句来更新。

视图中的更新操作必须满足基础表的更新规则,包括主键、唯一约束、外键约束等。

视图中的更新操作不会影响其他与视图相关的视图或触发器。这意味着,更新视图不会自动触发其他视图或触发器的更新。

在使用 update 语句更新视图之前,建议先调用 select 语句来检查视图是否满足更新条件。如果视图不满足更新条件,将无法成功执行更新操作。

【例】查看基本表商品表中的所有数据,语句是:

```
select * from 商品表;
```

查看视图 view_sp 的所有信息,语句是:

```
select * from view_sp;
```

更新视图 view_sp 中的一个数据,观察基本表是否发生相应的改变。

比如,更新视图中糖果 a 的价格为 15 元,语句为:

```
update view_sp set 价格=15 where 名称=糖果 a;
```

视图虽然是虚拟表,但仍然是表,所以之前用于操作表的语句完全适用于视图。执行成功

后,使用“select * from view_sp;”语句进行查看,可以看到视图的信息已经更新。再次使用“select * from 商品表;”语句,会看到基本表中糖果 a 的价格也改为 15 元了。所以,操作视图就相当于操作基本表。

(2)使用 insert 语句更新视图。

在基本表中插入一条新记录:

```
insert into 商品表 values(null,'薯片',15,190,3);
```

执行成功后,使用“select * from 商品表;”语句,会看到基本表中增加了一条记录碎片。使用“select * from view_sp;”语句,会发现该视图也多了一条同样的记录。说明操作基本表的数据后,该视图同样会发生改变。

(3)使用 delete 语句更新视图。

删除视图 view_sp 中薯片这条记录,语句为:

```
delete from view_sp where 名称=薯片;
```

使用“select * from view_sp;”语句,会发现该视图中薯片这条记录已经删除。再次使用“select * from 商品表;”语句,会发现基本表中的薯片这条记录已经被删除。所以,对视图的记录的增加、修改和删除,就相当于对基本表进行增加、修改和删除,反之亦然。

2. 不可更新视图

尽管更新视图有多种方式,但是并非所有情况下都能执行视图的更新操作。当视图中包含有表 6-3-1 所列内容时,更新视图操作不能被执行。

表 6-3-1　不可更新视图的结构

聚合函数 SUM()、MIN()、MAX()、COUNT()等
DISTINCT 关键字
GROUP BY 子句
HAVING 子句
UNION 或 UNION ALL 运算符
位于选择列表中的子查询
FROM 子句中的不可更新视图或包含多个表
WHERE 子句中的子查询,引用 FROM 子句中的表
ALGORITHM 选项为 TEMPTABLE(使用临时表总会使视图不可更新)时

注意:

当一个视图不能被更新时,它仍然可以被查询和使用。如果需要对视图进行更新,可以考虑使用触发器或者创建一个基于视图的存储过程来实现。

3. 删除视图

在 MySQL 数据库中,当视图不需要时,可以将其删除。可以使用 DROP VIEW 语句删除视图。

删除视图的基本语法格式是:

```
DROP VIEW [IF EXISTS] view_name;
```

或者

```
DROP VIEW 视图名;
```

其中,view_name 是要删除的视图的名称。

【例】删除视图 view_sp。语句是:

```
DROP VIEW view_sp;
```

执行成功后,使用"show tables;"查看所有数据表,会发现视图已经不存在,说明视图被删除。

如果视图存在,DROP VIEW 语句将删除视图;如果视图不存在,DROP VIEW 语句将返回一个错误。通过添加 IF EXISTS 关键字,可以避免在视图不存在时返回错误。

【例】删除名为 my_view 的视图。

```
DROP VIEW my_view;
```

删除名为 my_view 的视图,如果存在的话:

```
DROP VIEW IF EXISTS my_view;
```

思考与总结

1. 什么情况下可以更新视图?

基于单个表的视图:如果一个视图是从一个表经过选择、投影而导出的,并在视图中包含了表的主键或某个候选键,则这类视图称为行列子集视图,可以对这类视图执行更新操作。

视图与基表的一一对应关系:对于可更新的视图,视图中的行和基表中的行之间必须具有一对一的关系。

没有聚合或分组操作:如果视图的定义中包含了聚合函数,如 SUM()、MIN()、MAX()、COUNT()等或 GROUP BY 子句,那么此视图是不允许更新的。

没有使用计算字段或表达式:如果视图的字段来自字段表达式或常数,或者使用了库函数,那么此视图也是不允许更新的。

没有子查询:如果视图的定义中包含了子查询,特别是位于选择列表、WHERE 子句或 FROM 子句中的子查询,那么此视图可能是不可更新的。

没有使用临时表:如果视图的定义中使用了临时表(ALGORITHM = TEMPTABLE),那么

此视图是不可更新的。

2. 更新视图的方法：

- 使用 INSERT 语句插入新的数据行到视图中。插入数据时，需要注意视图涉及的表的外键关联。
- 使用 UPDATE 语句更新视图中的数据行。更新数据时，需要注意视图涉及的表的主键。
- 使用 DELETE 语句删除视图中的数据行。删除数据时，需要注意视图涉及的表的主键。

3. 使用 DROP VIEW 语句来删除视图。语法为：

```
DROP VIEW [IF EXISTS] view_name;
```

注意：

更新和删除视图的操作是有一定限制的，需要注意视图的定义是否符合更新和删除的要求。更新视图时，可以使用 INSERT、UPDATE 和 DELETE 语句来操作视图中的数据，注意视图涉及的表的主键与外键关联。删除视图时，使用 DROP VIEW 语句。在实际应用中，需要根据具体业务需求来灵活运用视图的更新和删除操作。

实训演练

1. 分别使用 UPDATE、INSERT、DELETE 更新 view_sp 视图。

使用 UPDATE 语句更新视图：

```
UPDATE view_sp
SET column1 = value1,column2 = value2,…
WHERE condition;
```

使用 INSERT 语句插入数据到视图：

```
INSERT INTO view_sp(column1,column2,…)
VALUES(value1,value2,…);
```

使用 DELETE 语句从视图中删除数据：

```
DELETE FROM view_sp
WHERE condition;
```

注意：

视图是基于表的查询结果，它并不存储数据，所以，更新视图实际上是在更新基本表中的数据。在更新视图时，必须遵循基本表的约束和限制。

2. 使用 DROP 语句删除 view_sp 视图。

```
DROP VIEW [IF EXISTS] view_sp;
```

[IF EXISTS]是一个可选的修饰符,如果存在要删除的视图,则忽略错误;如果省略了这个修饰符并尝试删除一个不存在的视图,将会出现错误。

删除名为 view_sp 的视图,可以使用以下语句:

```
DROP VIEW IF EXISTS view_sp;
```

要注意执行删除操作的具体要求。

第 4 节 视图案例应用

通过之前的学习,已经掌握了对视图的创建、修改、更新和删除操作。下面通过一个实例来熟练掌握视图的基础操作。

1. 分析表结构的组成

首先,创建 3 个表,分别为学生表(student)、报名表(registration)、成绩表(score)。

学生表(student):包含学生的基本信息,例如,学生 ID(student_id)、姓名(name)、性别(gender)、年龄(age)等,见表 6-4-1。

表 6-4-1 学生表(student)结构

字段名	数据类型	主键	外键	非空	唯一	自增
学生 ID(student_id)	INT(10)	是	否	是	是	否
姓名(name)	VARCHAR(20)	否	否	是	否	否
性别(gender)	VARCHAR(2)	否	否	是	否	否
年龄(age)	VARCHAR(2)	否	否	是	否	否

报名表(registration):记录学生报名的信息,例如,学生 ID(student_id)、姓名(name)、报名时间(registration_date)、报考的学校(school)等,见表 6-4-2。

表 6-4-2 报名表(registration)结构

字段名	数据类型	主键	外键	非空	唯一	自增
学生 ID(student_id)	INT(10)	是	否	是	是	否
姓名(name)	VARCHAR(20)	否	否	是	否	否
报名时间(registration_date)	DATETIME	否	否	是	否	否
报考的学校(school)	VARCHAR(50)	否	否	是	否	否

成绩表(score):记录学生的考试成绩,例如,学生 ID(student_id)、学校(school)、科目(subject)、成绩(grade)等,见表 6-4-3。

表 6-4-3　成绩表(score)结构

字段名	数据类型	主键	外键	非空	唯一	自增
学生 ID(student_id)	INT(10)	是	否	是	是	否
学校(school)	VARCHAR(50)	否	否	是	否	否
科目(subject)	VARCHAR(5)	否	否	是	否	否
成绩(grade)	VARCHAR(3)	否	否	是	否	否

2. 创建视图

可以使用以下语句创建视图,将学生表、报名表和成绩表连接起来,方便查询。

```
    CREATE VIEW student_scores AS
    SELECT s.student _ id, s.name, s.gender, s.age, r.registration _ date, r.school,
c.subject,c.grade
    FROM student s
    JOIN registration r ON s.student_id = r.student_id
    JOIN score c ON s.student_id = c.student_id;
```

3. 查看视图

使用以下语句可以查看创建的视图内容:

```
    SELECT * FROM student_scores;
```

4. 修改视图

如果需要修改视图的定义,可以使用以下语句:

```
    ALTER VIEW student_scores
    AS
    SELECT s.student _ id, s.name, s.gender, s.age, r.registration _ date, r.school,
c.subject,c.grade
    FROM student s
    JOIN registration r ON s.student_id = r.student_id
    JOIN score c ON s.student_id = c.student_id
    WHERE r.school IN('A 大学','B 大学');
```

5. 删除视图

如果需要删除已创建的视图,可以使用以下语句:

```
    DROP VIEW student_scores;
```

本章小结

1. 了解 MySQL 中视图的概念和作用。视图是基于表的虚拟表,可以将多个表的数据进行组合和过滤,提供了一种方便地查询和操作数据的方式。

2. 学习创建视图的语法和方法。在 MySQL 中,可以使用 CREATE VIEW 语句来创建视图。学习如何选择需要的字段和表,以及如何添加过滤条件和排序规则。

3. 了解视图的更新和删除。在 MySQL 中,可以使用 ALTER VIEW 语句来更新视图的定义,使用 DROP VIEW 语句来删除视图。学习如何修改视图的字段和过滤条件,以及如何删除不再需要的视图。

4. 学习使用视图来查询和操作数据。视图可以像表一样进行查询和操作,可以使用 SELECT 语句进行查询,以及使用 INSERT、UPDATE 和 DELETE 语句进行数据的插入、更新和删除。

拓展作业

题目:创建一个存在两个基本表的视图。

考核点:能够正确创建视图,能够熟练通过语句查看、修改、更新、删除视图并显示结果。

难度:低。

第 7 章

电子商务网站常见事务的操作

知识目标

1. 了解事务的定义及特性、处理事务的方法。

2. 熟练掌握使用 SQL 语句进行事务管理的方法。

3. 熟练掌握存储过程的创建及编写。

素养目标

了解常见事务在数据库中的管理操作,以及在电子商务网站中,事务对数据产生的影响与作用。

电子商务网站
常见事务的操作

第 1 节 常见事务的操作

1. 事务的管理

在电子商务网站中,管理操作非常重要。通过合理使用事务,可以保证数据的一致性和完整性,提高系统的并发性能和可靠性,从而提升用户的体验感。因此,在开发电子商务网站时,合理运用事务管理是必要的。

在日常生活中,转账操作是常见的事情,转账可以分为转入和转出,只有这两个部分都完成了,才认为转账成功。在数据库中,这个过程是使用两条语句来完成的,只要其中任意一条语句出现异常没有执行,就会导致两个账户的金额不同步,造成错误。为了防止上述情况的发生,MySQL 中引入了事务,它可以使整个系统更加安全,保证在同一个事务中的操作具有同步性。

首先,要了解什么是事务及事务的 4 个特性,并且掌握如何开启、提交和回滚事务。

所谓事务,就是针对数据库的一组操作,其可以由一条语句组成,也可以由多条 SQL 语句组成。同一个事务的特点是操作具备同步性,如果其中有一条语句无法执行或没有执行,那么所有的语句都不会执行,也就是说,事务中的语句要么全部执行完成,要么都不执行。

2. 事务的开启

在数据库中使用事务时,必须先开启事务,开启事务的语句如下:

```
START TRANSACTION;
```

或者

```
BEGIN
```

两个语句均可以用来开启一个事务。例如：

```
START TRANSACTION;
```

3. 事务的提交

事务一旦开启，所有操作都会在该事务中执行 SQL 语句。SQL 语句执行成功后，需要使用相应语句提交事务，MySQL 提供了多种方式来提交事务。

(1)使用 COMMIT 语句。

在一个事务中执行完所有操作后，使用 COMMIT 语句来提交事务。COMMIT 会将所有修改提交到数据库并永久保存。语句为：

```
COMMIT;
```

(2)设置自动提交模式。

MySQL 默认情况下处于自动提交模式，也就是每个 SQL 语句都被视为一个独立的事务，会立即被提交。如果想要在一个事务中执行多个 SQL 语句，可以将自动提交模式关闭，然后在结束时手动提交事务。

关闭自动提交模式：

```
SET autocommit = 0;
```

手动提交模式：

```
COMMIT;
```

打开自动提交模式：

```
SET autocommit = 1;
```

注意：

事务最好在正确使用时提交，避免长时间锁定数据库资源。同时，使用事务时，要小心处理异常情况，避免造成数据不一致的影响。

4. 4 个基本要素(ACID)

为了保证事务完整执行，必须满足 4 个基本要素(ACID)：原子性(Atomicity)、一致性(Consistency)、隔离性(Isolation)和持久性(Durability)。

- 数据的原子性

原子性是指一个事务必须被视为一个整体来执行，要么全部成功，要么全部失败。这确保了数据的完整性和一致性，避免了数据格式非法，以及在源系统中存在不规范的编码和含糊的业务逻辑。

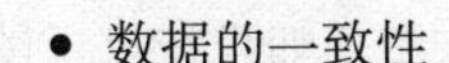

- 数据的一致性

一致性是指事务在执行期间,数据库的数据保持一致性。例如,在购物网站中,用户下单和库存减少是一个事务,要么库存减少,要么订单不会被创建。

- 数据的隔离性

数据的隔离性保证了并发操作时的数据一致性。不同事务之间的操作互不干扰,避免了脏读、不可重复读和幻读等问题。

- 数据的持久性

事务一旦提交,保证了事务中的操作对数据库是永久性的。当事务提交成功后,数据将会被持久保存到数据库中,即使系统崩溃,也不会丢失。

在执行一个事务时,如果发现当前事务中的执行操作是不合理的,此时只要还没有提交事务,就可以通过回滚来取消或终止当前事务。

5. 事务回滚

事务回滚是指当一个事务发生错误或者被取消时,将数据库恢复到事务开始之前的状态的操作。事务回滚可以确保数据库的一致性和完整性。

可以使用 ROLLBACK 语句回滚事务,语句为:

```
ROLLBACK;
```

在存储过程或函数中使用 DECLARE…HANDLER 语句进行事务回滚:

```
DECLARE CONTINUE HANDLER FOR SQL EXCEPTION ROLLBACK;
DECLARE CONTINUE HANDLER FOR SQL WARNING ROLLBACK;
```

当一个事务发生错误时,执行 ROLLBACK 语句将会撤销所有未提交的更改并回滚到事务开始之前的状态。同时,也可以使用 DECLARE…HANDLER 语句来处理异常情况,在发生异常时,自动执行 ROLLBACK 语句。

注意:

事务回滚只能撤销未提交的更改,已经提交的更改无法回滚。因此,在使用事务时,应该及时提交事务,避免意外情况发生而产生不必要的数据。

通过下面例子,查看事务的回滚操作。

【例】假设有一个学生表(students)和一个班级表(classes),需要在插入一名学生的同时更新班级表中的人数。

```
START TRANSACTION;
INSERT INTO students(name,age,gender)VALUES('Alice',18,'F');
UPDATE classes SET student_count = student_count + 1 WHERE class_id = 1;
COMMIT;

-- 如果执行过程中出现错误
-- ROLLBACK;
```

在上例中,事务开启后,首先插入一名学生,然后更新班级表中的人数。如果在执行过程中出现错误,可以回滚事务,使之前的插入和更新操作都被撤销。如果操作全部成功,则可以提交事务,使之前的操作永不可逆。

下面通过一个转账案例来演示如何操作事务。

【例】创建一个名为 chap07 的数据库,在库中建立 account 表并插入相应数据。具体操作如下:

```
CREATE DATABASE chap07;
USE chap07;
CREATE TABLE account(
    id INT primary key auto_increment,
    name VARCHAR(40),
    money FLOAT
);
INSERT INTO account(name,money)VALUES('a',1000);
INSERT INTO account(name,money)
VALUES('b',1000);
```

为了验证数据是否添加成功,可以使用 select 语句查询 account 表中的数据。由运行结果可以看出,数据添加成功,如图 7-1-1 所示。

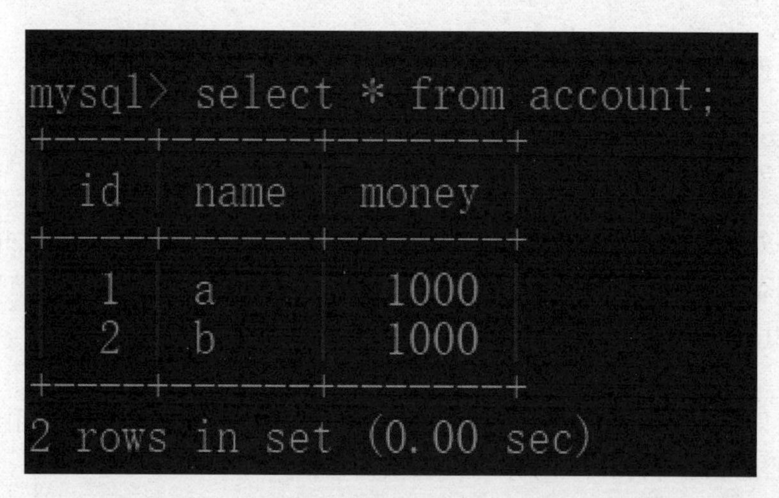

图 7-1-1　使用 select 语句查询 account 表中的数据

【例】使用事务实现转账功能。

通过开启一个事务,再使用 UPDATE 语句将 b 账户的 100 元转给 a 账户,最后提交事务。具体语句如下:

```
START TRANSACTION;
UPDATE account SET money=money-100 WHERE NAME='b';
UPDATE account SET money=money+100 WHERE NAME='a';
COMMIT;
```

执行上述语句后，使用 select 语句来查询 account 表中的余额。从查询结果可以看出，通过事务成功地实现了转账功能，如图 7-1-2 所示。

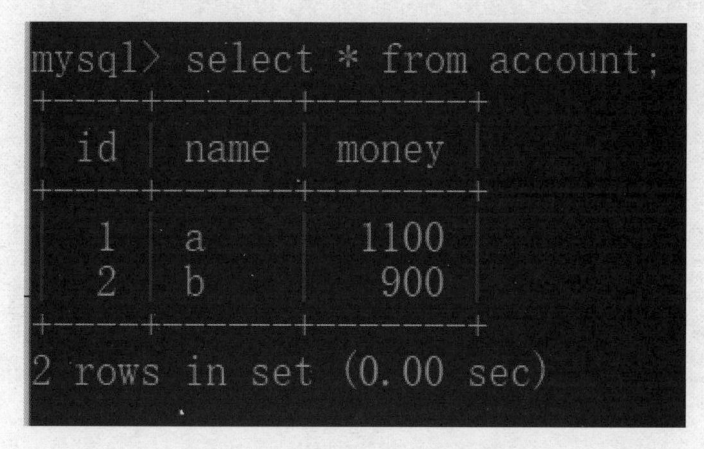

图 7-1-2　查询 account 表中的余额

注意：

上述两条 update 语句中，只要任意一条语句出现错误，就会导致事务不能提交。这就说明在提交事务之前出现异常，事务中未提交的操作会被取消，因此可以保证事务的同步性和完整性。

【例】已知 a 账户有 1 100 元，b 账户有 900 元，如图 7-1-3 所示，使用 UPDATE 语句实现由 b 账户向 a 账户转 100 元的转账功能。

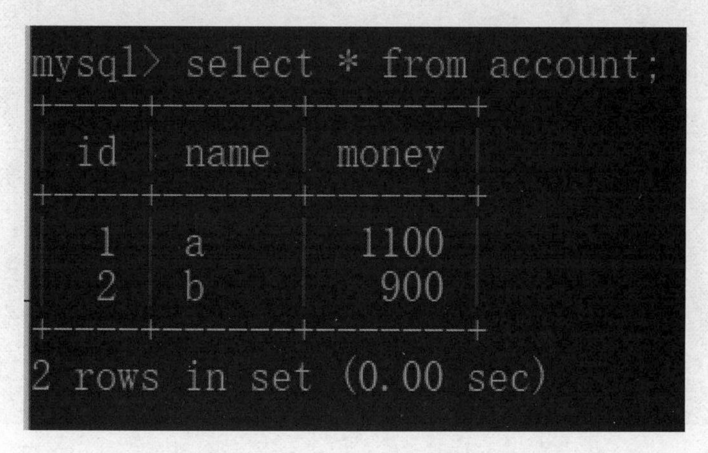

图 7-1-3　b 账户向 a 账户转 100 元的转账功能

使用 select 语句查询 a 账户和 b 账户的金额，查询结果如图 7-1-4 所示。

```
START TRANSACTION;
UPDATE account SET money=money+100 WHERE name='a';
UPDATE account SET money=money-100 WHERE name='b';
```

```
mysql> select * from account;
+----+------+-------+
| id | name | money |
+----+------+-------+
|  1 | a    |  1200 |
|  2 | b    |   800 |
+----+------+-------+
2 rows in set (0.00 sec)
```

图 7-1-4　查询结果

从图 7-1-4 查询结果可以看出，b 账户成功向 a 账户转了 100 元，此时如果不想向 a 账户转账，当前事务还没有提交，那么就可以将事务回滚，语句为：

```
ROLLBACK;
```

ROLLBACK 语句执行成功后，再次使用 SELECT 语句查询数据库，查询结果如图 7-1-5 所示。

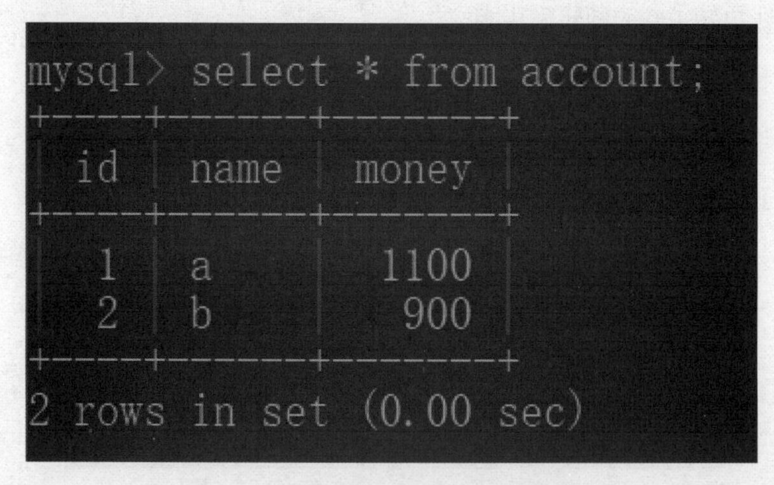

图 7-1-5　ROLLBACK 语句执行成功

从查询结果中可以看出，数据库中，a 账户的金额还是 1 100 元，并没有完成转账的功能，因此，可以表明当前事务中的操作取消了。

思考与总结

1. 了解事务的定义、特性。事务是一个非常重要的概念。它是一系列相关的操作，被视为一个整体，要么全部成功执行，要么全部失败回滚。

2. 了解事务的4个特性。事务具有4个特性,即原子性、一致性、隔离性和持久性。原子性是指事务被视为一个不可分割的单位,要么全部成功执行,要么全部失败回滚。原子性确保了数据的完整性,即使是在发生错误的情况下,也可以回滚到事务开始前的状态。一致性要求事务在执行前后,数据库必须保持一致的状态。这意味着在事务执行期间,数据库的约束和限制条件都必须得到满足,以确保数据的有效性。隔离性是指并发执行的事务之间应该相互隔离,互不干扰。每个事务都应该感知到其他事务的存在,以避免出现数据的丢失或不一致的现象。持久性是指一旦事务提交,其所做的改变应该是永久的。即使在系统故障或重启之后,数据也应该保持一致。

3. 为了掌握开启、提交和回滚事务,需要了解如何使用事务控制语句来管理事务。在SQL中,可以使用BEGIN TRANSACTION来开启一个事务,使用COMMIT来提交事务并永久保存更改,使用ROLLBACK来回滚事务并取消更改。

实训演练

1. 在chap07的数据库中开启一个事务,再使用UPDATE语句将b账户的200元转给a账户,最后提交事务。

(1)开启事务:

使用以下语句开启一个事务:

```
START TRANSACTION;
```

(2)执行UPDATE语句:

使用UPDATE语句将b账户的200元转给a账户。

假设账户表为account,b账户的ID为1,a账户的ID为2,转账金额为200元,UPDATE语句如下:

```
UPDATE account SET balance = balance - 200 WHERE account_id = 1;
UPDATE account SET balance = balance + 200 WHERE account_id = 2;
```

这两条UPDATE语句将b账户的余额减去200元,a账户的余额加上200元。

(3)提交事务:

使用以下语句提交事务:

```
COMMIT;
```

这样就将所有的操作固定在一个单独的事务中,并将所有的修改一起提交。

2. 已知a账户现在有1 200元,b账户现在有800元,查看提交事务后的结果,然后执行事务回滚操作,并查看结果。然后执行事务回滚操作。

(1)进入MySQL的chap07数据库,语句为:

```
USE chap07;
```

(2)查询 a 账户和 b 账户的当前余额,语句为:

```
SELECT * FROM accounts WHERE name = 'a' OR name = 'b';
```

具体查询结果见表 7-1-1。

表 7-1-1　查询结果

id	name	balance
1	a	1 200
2	b	800

(3)开始事务:

```
START TRANSACTION;
```

(4)执行回滚操作:

```
ROLLBACK;
```

回滚之后,数据库中 a 账户和 b 账户的余额应该恢复到事务开始之前的状态。

第 2 节　存储过程的创建

无参存储过程的创建和调用

一条或多条 SQL 语句的集合称为存储过程,将多条复杂的 SQL 操作语句组合成一个代码执行集,省去重复输入,较大地减少了数据库开发人员的工作量。

存储过程是一组预定义的 SQL 语句,它们被封装在一个可重复使用的块中。

(1)创建存储过程。

创建存储过程的基本语法格式如下:

```
CREATE PROCEDURE sp_name([proc_parameter])
[characteristics…]routine_body
```

或

```
CREATE PROCEDURE procedure_name [(parameter1 datatype1,parameter2 datatype2,…)]
BEGIN -- 存储过程的 SQL 语句 END;
```

存储过程的名称需要唯一,并且可以包含字母、数字、下划线和美元符号。参数是可选的,可以在小括号中定义。参数名和参数类型之间使用逗号分隔。

在 BEGIN 和 END 之间,可以编写存储过程的 SQL 语句。存储过程可以包括 SELECT、INSERT、UPDATE、DELETE 和其他 SQL 语句。创建存储过程语法及描述见表 7-2-1。

表 7-2-1 创建存储过程语法及描述

语句	语法及描述
CREATE PROCEDURE	用来创建存储过程的关键字
sp_name	存储过程的名称
proc_parameter	指定存储过程的参数列表
characteristics	用于指定存储过程的特性

【例】定义存储过程,查看淘淘网数据库商品表中所有的信息。

创建语句如下:

```
CREATE PROCEDURE proc()
BEGIN
SELECT * FROM 商品表;
END;
```

例中创建了一个存储过程 proc,每次调用这个存储过程时,都会执行 select 语句来查看表的内容,如图 7-2-1 所示。

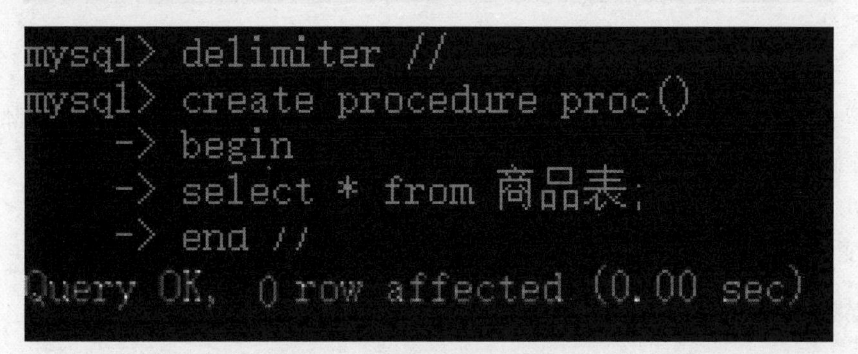

图 7-2-1 创建存储过程 proc

在上面的执行过程中,“delimiter //”语句的作用是将 MySQL 结束符设置为//。注意,delimiter 与要设置的结束符之间一定要有一个空格,否则,设定无效。

(2)调用存储过程的语句语义见表 7-2-2,语句如下:

```
CALL sp_name([parameter[,…]])
```

表 7-2-2 调用存储过程的语句语义

语句	描述
CALL	调用存储过程的关键字
sp_name	存储过程的名称
parameter	存储过程的参数

如果调用(1)中的存储过程,具体存储过程的语句为:

```
CALL proc();
```

执行结果如图 7-2-2 所示。

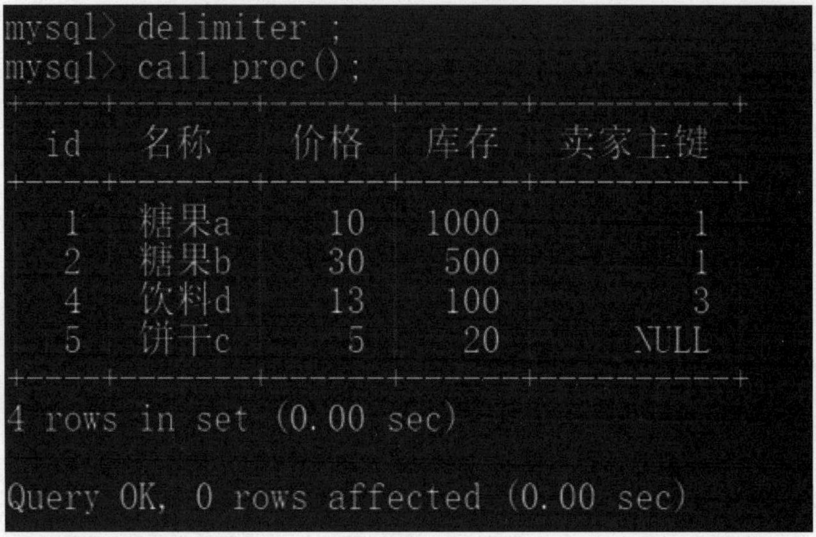

```
mysql> delimiter ;
mysql> call proc();
+----+-------+------+------+----------+
| id | 名称  | 价格 | 库存 | 卖家主键 |
+----+-------+------+------+----------+
|  1 | 糖果a |   10 | 1000 |        1 |
|  2 | 糖果b |   30 |  500 |        1 |
|  4 | 饮料d |   13 |  100 |        3 |
|  5 | 饼干c |    5 |   20 |     NULL |
+----+-------+------+------+----------+
4 rows in set (0.00 sec)

Query OK, 0 rows affected (0.00 sec)
```

图 7-2-2 调用存储过程的执行结果

由图 7-2-2 可以看出,调用已定义的存储过程 proc,查询到了商品表中的所有信息。

(3)存储过程中变量的使用。

MySQL 中的变量可以在子程序中进行声明,可用于保存数据处理过程中的值。

定义变量的语句语义见表 7-2-3,语法格式如下:

```
DECLARE var_name[,varname]…date_type[DEFAULT value];
```

表 7-2-3 定义变量的语句语义

语句	描述
var_name	局部变量的名称
DEFAULT value	子句给变量提供一个默认值,该值可以被声明为一个常数或一个表达式。如果没有 DEFAULT 子句,变量的初始值为 NULL

(4)变量赋值的方法有两种:一种是使用 SET 语句为变量赋值;另一种是使用 SELECT…INTO 为一个或多个变量赋值。

使用 SET 语句为变量赋值,语法格式为:

```
SET var_name =
expr[,var_name = expr]…;
```

使用SELECT…INTO为变量赋值，语法格式为：

```
SELECT col_name[…]
INTO var_name[…] table_expr;
```

下面通过案例来实现在存储过程中定义和使用变量。

【例】利用定义存储过程，查看淘淘网数据库商品表中糖果a所对应的名称和价格的信息。

```
delimiter //
create procedure proc1()
begin
declare goods_name varchar(50);
declare goods_price float;
select 名称,价格 into goods_name,goods_price
from 商品表 where 名称='糖果a';
select goods_name,goods_price;
end  //
```

该存储过程的调用语句为：

```
call procedure proc1() //
```

执行结果如图7-2-3所示。

从图7-2-3中可以看出，糖果a对应的价格是10元。

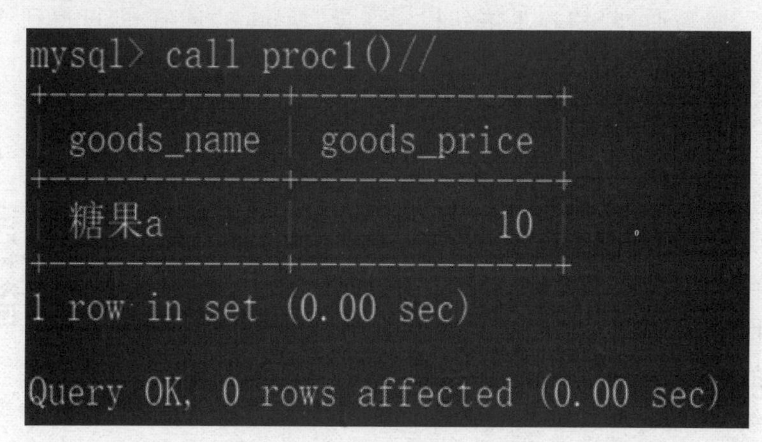

图7-2-3　存储过程调用语句

思考与总结

1. 本节主要对存储过程的创建、调用等操作进行了详细介绍。
2. 要熟练掌握对变量的声明和使用方法。
3. 需要理解存储过程的执行流程和作用。
4. 需要考虑存储过程的复用性，尽量设计可通用的存储过程，提高代码的可重用性。

实训演练

通过创建存储过程 proc2( ),得出饮料 c 对应的价格。

首先,确保已经创建了包含饮料信息的表,例如“beverages”表,该表应包含饮料名称和价格字段。

使用下面的语句创建一个名为“proc2”的存储过程:

```
DELIMITER //
CREATE PROCEDURE proc2(IN beverageName VARCHAR(255),OUT beveragePrice DECIMAL
(10,2))
BEGIN
    SELECT price INTO beveragePrice FROM beverages WHERE name = beverageName;
END //
DELIMITER ;
```

在上述存储过程中,定义了一个输入参数“beverageName”,表示所要查询价格的饮料名称,以及一个输出参数“beveragePrice”,表示所查询的饮料价格。

创建完存储过程后,可以使用以下代码调用该存储过程并获取饮料 c 对应的价格:

```
SET @ price = NULL;
CALL proc2('饮料 c',@ price);
SELECT @ price;
```

通过以上步骤,首先将一个 NULL 值赋给变量“@ price”,然后调用存储过程“proc2”并传入参数“饮料 c”,最后通过 SELECT 语句检索变量“@ price”的值,即可得到饮料 c 对应的价格。

第 3 节 存储过程的使用

1. 创建存储过程

有参存储过程的创建和调用

合理使用存储过程可以使程序执行效率更高、安全性更好,从而增强程序的可重用性和维护性。前面已经定义完成一个完整的存储过程,下面来学习带参数的存储过程的定义和调用,以及删除存储过程的方法。

创建带参数的存储过程的基本语法结构如下:

```
CREATE PROCEDURE sp_name(IN 输入参数  数据类型,OUT 输出参数 数据类型)
[characteristics…]routine_body
```

其中,IN 表示当此参数为输入参数,OUT 表示当此参数为输出参数。

下面通过具体例子来说明带参数的存储过程的定义和调用。

【例】创建一个简单的存储过程,根据输入的员工 ID,返回对应员工的姓名,语句为:

```
DELIMITER //
CREATE PROCEDURE get_employee_name(IN employee_id INT)BEGIN SELECT last_name
FROM employees WHERE employee_id = employee_id;END //
DELIMITER ;
```

在上例中,存储过程的名称是 get_employee_name,它接受一个名为 employee_id 的整数型参数。在 BEGIN 和 END 之间,通过 SELECT 语句查询 employees 表,根据传入的 employee_id 返回对应的员工姓氏。

存储过程创建完成后,可以使用 CALL 语句来调用,语句为:

```
CALL get_employee_name(100);
```

这将调用 get_employee_name 存储过程,并传入 employee_id 的值 100。

通过创建存储过程,可以封装一系列的 SQL 语句,提供更高效和可重复使用的功能,简化代码并提高性能。

【例】定义一个名为 proc2 的存储过程,根据指定的商品名称输出商品价格。

定义该存储过程的语句如下:

```
delimiter //
create procedure proc2(in goods_name varchar(50),out goods_price float)
begin
select 价格 into goods_price from 商品表 where 名称=goods_name;
end//
```

其中,goods_name 是当前输入参数,与商品表中的商品名称相对应;goods_price 是当前输出参数,与商品表中价格相对应。

"select 价格 into goods_price from 商品表 where 名称=goods_name;"这条语句表示从商品表中查找商品名称为变量 goods_name 指定的特定商品名称的价格信息,并把价格赋给输出变量 goods_price,从而得出指定的特定商品的价格信息。

2. 调用存储过程

运用上面的例子,调用该存储过程的语句如下:

```
delimiter ;
call proc2("糖果 a",@ goods_price);
select @ goods_price;
```

这里需要强调的是,在调用存储过程时,参数列表中实参的顺序要与定义存储过程时实参的顺序一致,并通过输出语句"select @ goods_price;"输出该商品的价格。执行结果如图 7-3-1 所示,可以看到,糖果 a 的价格是 10 元。

```
mysql> delimiter  ;
mysql> call proc2("糖果a",@goods_price);
Query OK, 0 rows affected (0.00 sec)

mysql> select @goods_price;
+--------------+
| @goods_price |
+--------------+
| 10           |
+--------------+
1 row in set (0.00 sec)
```

图 7-3-1 调用有参数的存储过程

3. 删除存储过程

在 MySQL 中,如果要将存储过程删除,可使用 DROP 语句。DROP PROCEDURE 语句可将一个或多个存储过程从当前数据库中删除。语法如下:

```
DROP{ PROCEDURE |FUNCTION }[ IF EXISTS] sp_name
```

将存储过程 proc2 删除。语法为:

```
Drop procedure proc2;
```

注意:

目前 MySQL 还不提供对已存在的存储过程代码的修改,如果一定要修改存储过程代码,必须先将存储过程删除,再重新编写代码,创建一个新的存储过程。

思考与总结

1. 学习了存储过程的创建、调用及带参数的存储过程的定义、调用等,可通过大量实践熟练其操作过程。

2. 存储过程的应用可使复杂、重复的操作简单化、合理化、可复用,要熟练掌握存储过程的删除操作语句语法。

实训演练

1. 定义一个名为 proc3 的存储过程,根据指定的商品名称输出商品价格,调用存储过程查看糖果 b 的价格。

(1)创建存储过程 proc3:

```
CREATE PROCEDURE proc3(IN product_name VARCHAR(255))
BEGIN
```

```
    DECLARE price DECIMAL(10,2);

    SELECT price INTO price FROM products WHERE name = product_name;

    IF price IS NULL THEN
        SELECT 'Product not found' AS result;
    ELSE
        SELECT CONCAT('The price of ',product_name,' is ',price)AS result;
    END IF;
END
```

(2)调用存储过程查看糖果 b 的价格：

```
CALL proc3('糖果 b');
```

2. 删除存储过程 proc3。

```
drop procedure  proc3;
```

本章小结

1. 事务的定义、事务的特性和事务的 4 个特性，以及开启、提交和回滚事务。
2. 存储过程的创建、调用、变量的声明和使用方式。
3. 带参数的存储过程的定义、调用，存储过程的删除操作语句语法。

拓展作业

题目：创建一个带有变量的存储过程，要有变量的声明、定义和调用。再创建一个存储过程，执行删除操作。

考核点：能够正确创建存储过程，能够熟练使用存储过程语句，能够调用、删除存储过程。

难度：中。

第8章 电子商务网站数据的备份和权限

知识目标

1. 掌握数据的备份与还原操作的方法及语句格式。

2. 学会创建、删除用户语句的使用。

3. 学会对数据库进行授权、查看、收回等权限管理。

素养目标

了解数据的备份与权限管理的重要性,数据的还原与安全等对电子商务网站的作用也非常重要。

第1节 数据备份与还原

数据备份与还原

1. 数据备份

数据对一个网站而言是最重要的,而病毒的入侵、突然的故障、管理员的误操作等都可能导致数据的丢失与损坏,为了确保数据安全,需要定期对数据库进行备份,这样,即使数据库中数据丢失或者出错,也可以及时将数据进行还原,从而最大限度地降低由数据带来的损失。

《左传》里有一句名言:居安思危,思则有备,有备无患。引入数据库中也同样适用。在数据库的维护过程中,数据库需要经常备份,以便在系统遭到破坏或出现其他故障时,可以快速恢复,使数据不丢失或少丢失。为了实现这种功能,MySQL 提供了一个 MySQLdump 命令,它可以实现数据的备份。

备份数据库的语句如下:

```
MySQLdump-u root -p 数据库库名 > 路径下文件名.sql;
```

在 DOS 命令提示窗口中执行 MySQLdump 命令即可,不需要登录到 MySQL 数据库。参数 -u 后面是用户名,默认的用户名是 root,密码也是 root,-p 后面可以先不输入密码,等执行该语句时再输入即可。

数据库名称是备份时数据库的名字,备份后,会将该数据库下的所有数据表和记录都存储在扩展名为 .sql 的文件中。需要注意的是,当执行还原操作后,会恢复该数据库下所有的数据表和记录,但不会恢复数据库,所以,在执行数据还原操作之前,需要先创建一个同名的数据库。备份文件的路径确定好后,备份文件就会出现在设定的路径下。例如,将淘淘网这个数据库备份到d盘中,备份文件名为1.sql。

语句为:

```
MySQLdump -u root -p 淘淘网 > d:1.sql;
```

那么在d盘中就会显示一个名为1.sql的文件,打开后会发现里面是该数据库下所有数据表的建表语句和每条记录的添加语句。

2. 数据还原

为了防止数据库发生故障,从而更好地保护数据库,就要定时备份数据文件。一旦数据丢失,就需要还原数据库。还原数据时,其实只能还原数据库中的所有数据表和记录,数据库是不能还原的,所以,在还原数据时,需要先创建数据库。

3. 数据还原方法及步骤

还原数据的方法有两种。

还原数据第一种方法是在DOS命令行执行。在执行前,先连接到数据库服务器,将数据库创建好,语句是:

```
create database 库名;
```

接下来还原该数据库下所有的数据表和记录,语句是:

```
MySQL-u root -p 数据库库名 < 路径下文件名 .sql;
```

通过案例来实现数据的还原操作。

【例】

步骤一:为了演示数据的还原,需要先使用drop语句删除数据库。

比如,删除淘淘网,语句为:

```
drop database 淘淘网;
```

使用"show databases;"查看所有数据库,显示淘淘网数据库已经删除。

步骤二:由于库是不能还原的,所以要先创建一个数据库淘淘网,语句是"create database 淘淘网;",执行成功后,执行还原数据库中的数据操作。

步骤三:对备份在d盘中名为1.sql的文件执行还原语句就可以进行还原。切换到DOS环境下,执行语句为:

```
MySQL -u root -p 淘淘网 < d:1.sql;
```

执行成功后,发现已经将1.sql文件中的所有数据还原到淘淘网数据库下。

步骤四:为了验证数据是否成功还原,可以连接数据库服务器,执行语句为:

```
select * from 表名;
```

查看淘淘网下任意一个数据表中的所有数据,如果看到数据,则表明数据已经还原成功。

还原数据第二种方法是在数据库命令符下执行。先创建数据库,然后打开数据库,最后执行语句“source 路径下文件名 . sql;”就可以实现还原数据。

这种方法使用的语句都比较短,也很简单。

比如,将 d 盘下 1. sql 文件中的数据还原到淘淘网数据库下,语句是:

```
create database 淘淘网;use 淘淘网;source d:1.sql;
```

数据的备份和还原是数据库中非常重要的操作,数据丢失将会带来巨大的损失,所以要随时做好数据备份。

4. 备份和权限管理的案例

在网站或系统平台中,数据库的备份和权限管理是非常重要的任务,特别是对于电子商务网站的数据。以下是一些备份和权限管理的案例。

- 数据备份

第一步:定期备份数据库。

根据业务需求,定期备份数据库,以确保数据的安全性和完整性。可以使用 MySQL 的内置工具如 MySQLdump 或者使用第三方工具进行备份。

第二步:使用物理备份。

物理备份是将整个数据库的副本复制到另一个位置,包括数据文件、日志文件等,这样可以保证数据的一致性。

第三步:使用逻辑备份。

逻辑备份是将数据库中的数据导出为 SQL 的脚本文件,可以方便地恢复到指定的数据库中。

第四步:存储备份文件。

备份文件应存储在安全、可靠的地方,例如远程服务器或云存储。

- 权限管理

第一步:使用最小特权原则。

给予用户最小限度的权限,只提供他们所需的功能,以降低安全风险。

第二步:限制远程访问。

除非必要,应限制对数据库的远程访问,只允许受信任的 IP 地址或主机进行连接。

第三步:使用复杂密码。

为数据库用户设置强密码,并定期更换密码,以防止未经授权的访问。

第四步:禁止使用默认账户。

禁止使用默认的 MySQL 管理员账户(root),创建专门的账户进行数据库访问,并设置不同的权限。

第五步:定期审计权限。

定期审查和更新用户的权限,删除不再需要访问数据库的账户。

除此之外,还可以考虑使用 SSL 加密连接来加强数据库的安全性,定期监测数据库的性能和运行状况，以及定期测试备份和恢复的流程。通过采取这些措施，可以提高电子商务网站数据的备份和权限管理的安全性。

思考与总结

1. 数据库的维护过程中，需要经常备份，并存储好备份。

2. 还原数据的方法有两种：一种是在 DOS 命令行执行；另一种是在数据库命令符下执行。使用这两种方法时，都需要先创建数据库，然后打开数据库，最后执行语句实现还原数据。

实训演练

1. 备份 chap08 数据库，备份文件名为 back8。

打开命令行界面或 MySQL 客户端，使用以下命令登录到 MySQL 服务器：

```
MySQL -u 用户名 -p
```

输入密码可以登录到 MySQL 服务器。

使用以下命令将数据库进行备份：

```
MySQLdump -u 用户名 -p 数据库名 > 备份文件名.sql
```

具体执行的命令如下：

```
MySQLdump -u root -p chap08 > back8.sql
```

2. 将备份的 back8 数据库进行还原。

要还原数据库，首先需要创建一个空的数据库。使用以下命令在 MySQL 服务器上创建一个新的数据库，命名为“chap08_restored”：

```
MySQL -u 用户名 -p -e "CREATE DATABASE chap08_restored;"
```

具体执行的命令如下：

```
MySQL -u root -p -e "CREATE DATABASE chap08_restored;"
```

创建好新的数据库后，使用以下命令将备份文件还原到新的数据库：

```
MySQL -u 用户名 -p 目标数据库名 < 备份文件名.sql
```

具体执行的命令如下：

```
MySQL -u root -p chap08_restored < back8.sql
```

注意事项：

- 备份文件和还原数据库的过程需要一些时间，具体取决于数据库的大小和服务器的性能。

- 备份文件的文件名可以根据需要自行指定，一般使用 .sql 作为文件扩展名。
- 在还原数据库之前，确保目标数据库中没有与备份文件同名的数据库，以免出现数据重复或覆盖的问题。

第 2 节 用户管理

用户管理

每个系统或软件都有对应的用户信息管理模块，MySQL 也不例外。MySQL 中的用户分为两种：一种是 root 用户；另一种是普通用户。root 用户为超级管理员，具有所有权限，可创建用户、删除用户、管理用户等，而普通用户拥有被赋予的特定权限。

在安装 MySQL 完成后，系统会自动建立一个名为 MySQL 的数据库。该数据库的表中存储的是权限表。其中，user 表是最重要的权限表之一，此表中的前 3 个字段名为 host、user、password，分别代表主机名、用户名和密码，也只有这 3 个值完成匹配后，才允许建立连接。当创建普通用户时，需要给 user 表中的这 3 个字段赋值。

1. 创建用户

创建用户的第一种方法是使用 grant 语句。

使用 grant 语句创建用户的语法格式为：

```
grant 权限名 on 库名 . * to 'username'@ 'hostname' identified by 'password';
```

其中，username 代表用户名；hostname 代表主机名；identified by 关键词用于设置用户的密码。

例如，创建一个普通用户，该用户只具有查询淘淘网的权限，用户名为 taotao1，密码为 abc123，那么该语句为：

```
grant select on 淘淘网 . * to 'taotao1'@ localhost identified by 'abc123';
```

该语句中，grant 的意思为授予、给予；select 为查询权限；淘淘网后面的 * 代表所有数据表，也就是 taotao1 用户可以对淘淘网下的所有数据表具有查询的权限。执行该语句后，使用“select * from user;”查看 user 表就可以看到该用户已经创建成功。此方法的优点是，创建用户的同时，给该用户赋予了权限。

创建用户的第二种方法的语法格式为：

```
create user 'username'@ hostname identified by password;
```

在该语句中，username 为用户名；hostname 为主机名；identified by 关键字用于设置用户的密码；password 表示用户的密码。

例如，在主机上创建一个用户 taotao2，密码为 abc123，语句为：

```
create user 'taotao2'@ localhost identified by 'abc123';
```

create 的含义为创建，user 为用户，taotao2 是用户名，密码为 abc123。执行成功后，使用"select * from user;"查看 user 表，就可以看到该用户已经创建成功。需要注意的是，这种方法创建的用户没有被赋予权限。

创建用户的第三种方法是对 user 表进行操作，直接在 user 表中插入一条记录。前两种创建方法实际上就是在 user 表中添加一条记录。使用 insert 语句创建用户的语法格式是：

```
insert into MySQL.user(Host,User,Password,ssl_cipher,x509_issuer,x509_subject)values('hostname',username,PASSWORD('password'),,,);
```

在该语句中，MySQL. user 参数表示操作的表对象；Host、User、Password、ssl_cipher、x509_issuer、x509_subject 为相应字段；PASSWORD 为一个加密函数，用于对密码加密。

需要注意的是，使用 insert 语句创建用户时，通常只需添加 Host、User、Password 3 个字段即可，其他的字段取其默认值。但 ssl_cipher、x509_issuer、x509_subject 字段没有默认值，需要为这几个字段设置初始值。

例如，使用 insert 语句直接在 MySQL. user 表中创建一个新用户，用户名为 taotao3，密码为 abc123，语句为：

```
insert into MySQL.user(Host,User,Password,ssl_cipher,x509_issuer,x509_subject)values('localhost',taotao3,PASSWORD('abc123'),,,);
```

执行成功后，使用"select * from user;"查看 user 表，看到该用户已经创建成功，但由于 insert 语句没有刷新权限表的功能，因此 taotao3 用户暂时不能使用。

为了让用户生效，还需要手动刷新当前的权限表。刷新权限表的语句如下：

```
flush privileges;
```

执行成功后，就可以使用 taotao3 登录 MySQL 数据库了。

2. 删除用户

对用户的管理，除了有创建用户操作外，还有删除用户操作。当发现某些用户没有存在的必要时，就可以将其删除。删除用户有以下两种方法。

删除用户的第一种方法的语法格式为：

```
drop user 'username'@ hostname,username@ hostname;
```

该语句中，username 表示要删除的用户；hostname 表示主机名；drop user 语句可以同时删除一个或多个用户，多个用户之间必须用英文逗号隔开。需要注意的是，使用 drop user 语句删除用户时，必须拥有 drop user 的权限。

例如，删除用户 taotao1，语句为：

```
drop user 'taotao1'@ localhost;
```

如果想同时删除两个用户 taotao1 和 taotao2，语句为：

```
drop user 'taotao1'@ localhost,'taotao2'@ localhost;
```

执行成功后,使用语句“select * from user;”可以看到两个用户被同时删除。

删除用户的第二种方法,使用 delete 语句,语法格式为:

```
delete from MySQL.user where host=hostnameand user=username;
```

该语句中,MySQL. user 参数指定要操作的表,where 指定条件语句,host 和 user 都是 MySQL. user 表的字段,这两个字段可以确定唯一的记录。

如删除用户 taotao3 的语句为:

```
delete from MySQL.user  where host=localhost and user=taotao3;
```

执行成功后,使用语句“select * from user;”可以看到 taotao3 被删除。由于是对 user 表进行操作。执行完命令后,需要使用“flush privileges;”重新加载用户权限。

思考与总结

1. 主要学习创建普通用户的 3 种方法,分别是使用 grant 语句、create user 语句和 insert 语句。

2. 学会删除用户操作。在删除用户时,可以使用 drop user 语句和 delete 语句。

实训演练

1. 创建一个普通用户,该用户只具有查询淘淘网的权限,用户名为 taotao3,密码为 tao123。

创建普通用户:

```
CREATE USER 'taotao3'@'localhost' IDENTIFIED BY 'tao123';
```

赋予权限:

```
GRANT SELECT ON taotao.* TO 'taotao3'@'localhost';
```

2. 创建执行成功后,删除用户 taotao3 操作。

删除用户:

```
DROP USER 'taotao3'@'localhost';
```

第 3 节 权限管理

权限管理

1. 权限管理

在 MySQL 数据库中,为了保证数据的安全性,数据管理员需要为每个用户赋予不同的权限，以满足不同用户的需求，权限管理对数据的管理显得尤为重要。

权限管理包括授予权限、查看权限和收回权限。MySQL 权限信息被存储在 MySQL 数据库的 user、db、host、tables_priv、column_priv 和 procs_priv 表中。当 MySQL 启动时，会自动加载这些权限信息，并将这些权限信息读取到内存中。

下面对 user 表进行权限管理操作。

user 表中有很多权限，先来了解一下，见表 8-3-1。

表 8-3-1　user 表权限与说明

命令或权限	说明
create 和 drop	可以创建数据库、表、索引或者删除已有的数据库、表和索引
inser delete update select	可以对数据库中的表进行增、删、改、查
index	可以创建或删除索引，适用于所有的表
alter	可以用于修改表的结构或重命名表
grant	允许为其他用户授权，可用于数据库和表
file	被赋予该权限的用户能读写 MySQL 服务器上的任何文件

那么这些权限是如何授权给用户的呢？授予权限使用 grant 语句，主要语句及参数说明见表 8-3-2。语法格式为：

```
grant priviliges on 库名 .* to 'username'@ hostname identified by 'password' with
with -option;
```

表 8-3-2　grant 语句及参数说明

语句及参数	描述及说明
privileges	表示权限类型
*	代表某个数据库下所有的数据表
username	表示用户名
hostname	表示主机名
identified by	关键词用来设置密码
with	关键词后有多个参数 with_option，这个参数有 5 个取值。具体有：grant option，表示将权限授予其他用户；max_queries_per_hour count，表示设置每小时最多可以执行多少次（count）查询；max_updates_per_hour count，表示设置每小时最多可以执行多少次更新；max_connections_per_hour count，表示设置每小时最大的连接数量；max_user_connections，表示设置每个用户最多可以同时建立连接的数量

2. 创建用户权限

要创建用户权限,首先要创建用户。使用 grant 语句创建一个新用户,用户名为 user4,密码为 123,user4 用户对所有数据库都有 insert、select 权限,并可以将自己的权限授予其他用户。语句为:

```
grant insert,select on *.* to'user4'@ localhostidentified by'123'with grant option;
```

其中,*.*代表 insert 和 select 权限可以应用到所有库下的所有数据表。语句执行成功后,可以使用"select * from user;"查看查询结果,如图 8-3-1 所示。

```
mysql> grant insert ,select on *.* to  'user4' @' localhost' identified by  '123'  with grant option;
Query OK, 1 row affected (0.00 sec)
mysql> select * from user;
```

图 8-3-1　创建用户权限

当 user4 用户在主机 localhost 上成功创建后,密码也是经过加密后显示出来,3 个 Y 字母代表 insert、select 和将权限授予其他用户,并且权限已经设置成功,其中没有权限的字段值为 N。

授予权限成功后,select 语句可以查看用户权限,为了便于用户识别,MySQL 提供了 show grants 语句,语法格式为:

```
show grants for'username'@ hostname;
```

在该语句中,只需要指定查询的用户名和主机名即可。例如,使用该语句查询 use4 用户的权限,语句为:

```
show grants for'user4'@ localhost;
```

查询结果如图 8-3-2 所示。

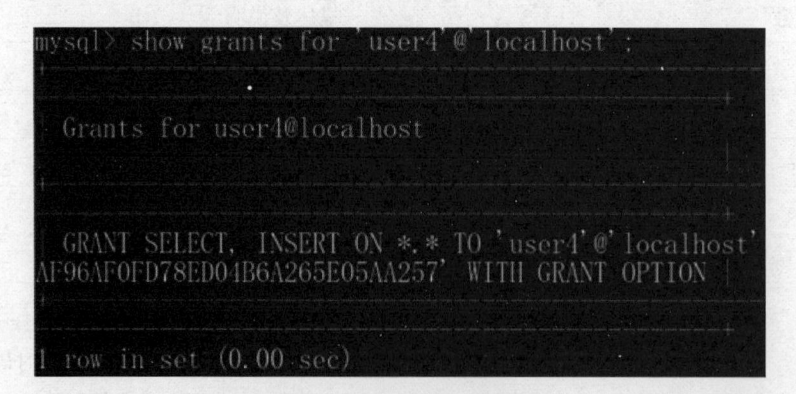

图 8-3-2　查询 use4 用户的权限

查询结果中,grant 后面的 select、insert 两个关键词表示 user4 用户有查询和插入两种

权限。

3. 收回用户权限

在 MySQL 中,为了使数据库的安全性得到有效保障,需要将用户不必要的权限收回。MySQL 使用 revoke 语句收回用户权限,见表 8-3-3。语法格式为:

```
revoke privileges on 库名 . * from 'username'@ 'local host';
```

表 8-3-3　revoke 语句收回用户权限语句及参数说明

语句及参数	描述及说明
privileges	表示收回的权限
库名 . *	表示权限作用于某个数据库的所有数据表
username	表示用户名
hostname	表示主机名

例如,收回 user4 用户的 insert 权限,语句为:

```
revoke insert on * . * from 'user4'@ localhost;
```

执行成功后,运行查看用户权限语句,发现用户 user4 原有的 insert 和 select 两个权限中, insert 权限被收回了,现在只有一个 select 权限。

4. 收回用户所有权限

在 MySQL 中,还为用户提供了一次性收回所有权限的操作语句——revoke 语句,见表 8-3-4。语法格式为:

```
revoke all privileges,grant option from 'username'@ localhost;
```

表 8-3-4　revoke 语句收回用户所有权限

语句及参数	描述及说明
all privileges	表示所有权限
grant option	表示将权限赋予其他用户
username	表示用户 ing
hostname	表示主机名

例如,使用 revoke 语句收回用户 user4 所有权限。执行完成后,用户 user4 的权限将被全部收回,执行语句为:

```
revoke all privileges,grant option from 'user4'@ localhost;
```

思考与总结

权限管理操作包括使用 grant 语句授予权限、使用 show grants 查看权限、使用 revoke 语句收回权限。

实训演练

1. 使用 grant 语句创建一个新用户，用户名为 user5，密码为 123456。user5 用户对所有数据库有 insert、select 权限，并可以将自己的权限授予其他用户。

使用 grant 语句创建一个新用户：

```
CREATE USER 'user5'@'localhost' IDENTIFIED BY '123456';
GRANT INSERT,SELECT ON *.* TO 'user5'@'localhost' WITH GRANT OPTION;
```

以上语句将创建一个名为“user5”的新用户，密码为“123456”。该用户将具有对所有数据库的 insert 和 select 权限，并且可以将自己的权限授予其他用户。

2. 使用 revoke 语句收回 user5 用户的所有权限。

```
REVOKE ALL PRIVILEGES ON *.* FROM 'user5'@'localhost';
FLUSH PRIVILEGES;
```

此语句将收回 user5 用户对所有数据库的所有权限，并刷新权限设置，以使更改生效。

本章小结

1. 学会数据库的备份与还原方法及执行语句。
2. 掌握使用 grant 语句、create user 语句和 insert 语句创建用户的方法。
3. 学会使用 drop user 语句和 delete 语句删除用户操作。
4. 权限管理操作包括使用 grant 语句授予权限、使用 show grants 查看权限、使用 revoke 语句收回权限。

拓展作业

题目：创建一个新的数据库，对其进行备份与还原，并使用 grant 语句、create user 语句和 insert 语句创建用户，使用 drop user 语句和 delete 语句删除用户，使用 grant 语句授予权限，使用 show grants 查看权限，使用 revoke 语句收回权限操作，观察相同点与不同点。

考核点：能够正确对数据库进行备份与还原，能够使用创建用户、删除用户、用户授权与收回等语句。

难度：难。